2 × 39,90
25/9/13

D1935688

Kohlhammer

Mittelstand und Mittelstandsforschung
Herausgegeben von
Wolfgang Becker und Patrick Ulrich

Wolfgang Becker, Patrick Ulrich

Geschäftsmodelle im Mittelstand

Verlag W. Kohlhammer

Umschlag: Gestaltungskonzept Peter Horlacher
Gesamtherstellung:
W. Kohlhammer Druckerei GmbH + Co. KG, Stuttgart
Printed in Germany

ISBN 978-3-17-022003-4

Vorwort

Der Begriff „*Geschäftsmodell*“ hat in den letzten Jahren nicht nur, aber vor allem durch den „*Dotcom-Boom*“ an Popularität gewonnen. In der noch jungen Literatur zur Geschäftsmodellthematik im deutschsprachigen, aber auch im internationalen Umfeld herrscht bisweilen jedoch Uneinigkeit über Begriff und konstituierende Elemente des Konstrukts. Grundsätzlich wird in der Literatur zwischen dem sogenannten Partialansatz (Fokussierung auf einzelne Branchen) und dem Universalansatz (Abstraktion auf höherem und branchenunabhängigem Niveau) unterschieden. Als erste Annäherung kann aus der letztgenannten Perspektive ein Geschäftsmodell als eine ganzheitliche Beschreibung unternehmerischer Tätigkeit in aggregierter Form verstanden werden, die es ermöglichen soll, Schlüsselfaktoren des unternehmerischen Erfolgs erkennen und analysieren zu können. Zur Beschreibung eines Geschäftsmodells wird meist auf bestimmte Elemente wie z.B. die Produkt- bzw. Marktkombinationen, die Wertschöpfungskonfiguration sowie die Ertragsmechanik zurückgegriffen. Dies alles geschieht mit dem konkreten Anspruch, strategische Weiterentwicklungen für Unternehmen zu ermöglichen.

Insbesondere vor dem Hintergrund der schnell an Bedeutung gewinnenden Informations- und Kommunikationstechnologien (IuK-Technologien) und der damit verbundenen Möglichkeiten der Dekomposition bestehender Wertschöpfungskonfigurationen und existierender Märkte entstand die Notwendigkeit, sich über die Zusammensetzung der eigenen Wertschöpfungskette und Produktabgrenzung Gedanken zu machen. Für große Unternehmen bedeutete die Entwicklung neuer IuK-Technologien die Möglichkeit, zahlreiche Wertschöpfungsaktivitäten zu geringen Transaktionskosten auszulagern und sich auf rentable Kernkompetenzen zu fokussieren. Gleichzeitig konnten durch eine funktionale Aufspaltung bestehender Produkte sowie Märkte bislang unbekannte Kundengruppen erschlossen und branchenübergreifend neue Lösungen angeboten werden.

Nahezu unbeachtet blieb in diesem Zusammenhang bislang jedoch die Ermittlung von Schlüsselfaktoren erfolgreicher Mittelständler und die damit verbundene Frage, ob konstituierende Charakteristika dieses Betriebstyps wie Größe und Eigentumsstruktur Einfluss auf die Ausgestaltung erfolgreicher Geschäftsmodelle haben. Eventuell liegen sogar mittelstandsspezifische Archetypen von Geschäftsmodellen vor, die erfolgversprechender als andere Ansätze sind.

Das vorliegende Buch fasst wichtige Erkenntnisse eines Forschungsprojekts des *Deloitte Mittelstandsinstitut an der Universität Bamberg* zusammen und setzt an dieser Forschungslücke an. Ziel des Forschungsvorhabens war es, einen ersten theoretischen und empirischen Überblick über die Ausgestaltung, Elemente und Erfolgswirkung von Geschäftsmodellen im Mittelstand zu gewinnen. Hierzu wurden neben einer Aufarbeitung theoretischer und konzeptioneller Aspekte persönliche Interviews mit Führungskräften mittelständischer Unternehmen in ganz Deutschland durchgeführt. Die Interviews orientierten sich an Leitfäden, die offene und geschlossene Fragen kombinieren. Folgende Aspekte standen im Mittelpunkt der Untersuchung: Definition und Verständnis von Geschäftsmodellen, Mittelstandsspezifika von Geschäftsmodellen, Beschreibung und Ausprägung individueller Geschäftsmodelle sowie Erfolgswirkung von Geschäftsmodellen.

Größter Dank gilt den Interviewpartnerinnen/-partnern aus den Unternehmen, ohne die das Forschungsprojekt nicht zu realisieren gewesen wäre. An diesem Projekt haben mehrere Mitarbeiterinnen und Mitarbeiter des Lehrstuhls Unternehmensführung und Controlling besonderen Anteil, insbesondere Herr Robert Ebner, Herr Robert Holzmann, Frau Michaela Staffel und Frau Lisa Zimmermann. Ohne ihren Einsatz und ihr unermüdliches Engagement hätten wir das Projekt nicht in der vorliegenden Form umsetzen können. Herr Ebner und Herr Holzmann haben uns vor allem in Kapitel 5 unterstützt, Frau Staffel in Kapitel 2, und Frau Zimmermann in den Kapiteln 3, 5 und 7. Besonderer Dank geht an Herrn Johannes Krämer und Frau Almuth Lange für die Unterstützung im Projekt. Den beteiligten wissenschaftlichen Mitarbeitern, die im Anhang nochmals gesondert genannt und gewürdigt werden, sowie den studentischen Mitarbeitern – insbesondere Anna Albers, Constanze Hiller, Alexandra Hofmann, Julia Müller, Sarah Oppel und Jannis Partsafas – ist für Unterstützungsleistungen zu danken, die im Rahmen der Auswertung der Daten, der Erstellung des Beitrags sowie der Überarbeitung, Korrekturen und Endformatierung des Manuskripts realisiert wurden. Wir hoffen, dass ein für Forschung und Praxis relevanter und interessanter Bericht entstanden ist, der einen Beitrag zur Weiterführung der Diskussion um Geschäftsmodelle im Mittelstand leisten kann.

Bamberg, im Juni 2013
Die Autoren

Inhaltsverzeichnis

1 Einführung ... 9

1.1 Mittelstand ... 9

1.2 Geschäftsmodelle – eine Begriffsabgrenzung ... 12

1.3 Geschäftsmodelle mit Fokus Mittelstand ... 15

1.4 Zielsetzung und Aufbau des Buchs ... 18

2 Studiendesign ... 21

2.1 Forschungsmethodik ... 21

2.2 Aufbau und Durchführung der Interviews ... 24

2.3 Charakterisierung der Probanden ... 28

3 Definition und Verständnis von Geschäftsmodellen ... 37

3.1 Verständnis von Geschäftsmodellen ... 37

3.2 Zwecke von Geschäftsmodellen ... 39

3.3 Zentrale Elemente von Geschäftsmodellen ... 40

3.4 Interne und externe Einflussfaktoren von Geschäftsmodellen ... 42

4 Mittelstandsspezifika von Geschäftsmodellen ... 45

4.1 Einfluss von Mittelstandsspezifika auf Geschäftsmodelle ... 45

4.2 Mittelstandsspezifische Ausprägung von Geschäftsmodellen ... 48

5 Ausprägung individueller Geschäftsmodelle ... 51

5.1 Unternehmensspezifische Geschäftsmodelle ... 51

5.2 Produkt-Markt-Kombinationen ... 55

5.3 Konfiguration und Erreichung von Wertschöpfung ... 66

5.4 Ertragsmechanik ... 74

5.5 Wettbewerbsorientierung ... 84

5.6 Ressourcenstruktur ... 94

5.7 Organisation, Kultur und Unternehmertum ... 103

5.7.1 Organisation ... 103

5.7.2 Unternehmenskultur ... 106

5.7.3 Führung und Führungsstil ... 107

6 Erfolgswirkung von Geschäftsmodellen ... 115

6.1 Existenz einer Erfolgswirkung von Geschäftsmodellen 115
6.2 Bedeutungsunterschiede zwischen den Elementen eines Geschäftsmodells 116
6.3 Erfolgversprechende und misserfolgsträchtige Ausprägungen von Geschäftsmodellen 118
6.4 Auswirkungen von Geschäftsmodellen auf den Erfolg 120
7 Schlussbetrachtung 125
7.1 Thesenartige Zusammenfassung der Ergebnisse 125
7.2 Lessons Learned 128
7.3 Fazit 129
Literaturverzeichnis 130
Verzeichnis der Interviewpartner 143
Informationen zu den Autoren 145

1 Einführung

1.1 Mittelstand

Mittelständische Unternehmen erwirtschaften einen Großteil der Wertschöpfung der deutschen Volkswirtschaft (vgl. *Hausch* (2004), S. 5) und sind in breiter Öffentlichkeit (vgl. *Bundesministerium für Wirtschaft und Technologie* (Hrsg., 2007)) und Wissenschaft (vgl. *Becker/Ulrich* (2009), S. 2ff.) ein gern diskutierter Themenbereich. Verwunderlich ist im Gegensatz zur großen praktischen Relevanz des Themenkomplexes die forschungsseitig eher rudimentäre Ausgestaltung der Mittelstandsforschung (vgl. *Becker/Staffel/Ulrich* (2008), S. 4). Diese zeichnet sich unter anderem durch eine Vielfalt ähnlicher oder synonym verwendeter Begrifflichkeiten wie z.B. kleine und mittlere Unternehmen (KMU), Mittelstand und Familienunternehmen aus, deren Abgrenzung weitgehend unklar ist (vgl. *Damken* (2007), S. 57ff.).

Grundsätzlich existieren in Deutschland drei verbreitete Definitionen, die für eine quantitative Zuordnung von Unternehmen zur Gruppe des Mittelstands verwendet werden können. Zum einen ist dies der Mittelstandsbegriff der *EU-Kommission* (vgl. *Europäische Kommission* (1996); *Europäische Kommission* (2003)), der eine rein quantitative Einteilung vorsieht, während die Definition des Mittelstandsbegriffs des *Instituts für Mittelstandsforschung (IfM) Bonn* sowohl quantitative als auch qualitative Aspekte berücksichtigt (vgl. *Günterberg/Kayser* (2004), S. 11). Schließlich hat sich die Definition des *Deloitte Mittelstandsinstituts an der Universität Bamberg (DMI)* herausgebildet, die dieser Untersuchung zugrunde liegt. Die Definition berücksichtigt neben den in Abb. 1 genannten Größenklassen auch qualitative Merkmale:

- alle eigentümergeführten Unternehmen und Familienunternehmen;
- Managementgeführte Unternehmen bis zu einer Mitarbeiterzahl von ca. 3.000 Mitarbeitern und/oder bis zu einer Umsatzgröße von ca. 600 Mio. Euro;
- Unternehmen die beide Definitionsmerkmale aufweisen.

Die kombinierte, qualitativ-quantitative Sichtweise dient als Abbild des Selbstverständnisses sowie der betrieblichen Realität des Mittelstands.

Unternehmens-klassifikation	Beschäftigtenzahl	Jahresumsatz (in Mio. EUR)
Kleinstunternehmen	Bis ca. 30	Bis ca. 6 Mio. EUR
Kleinunternehmen	Bis ca. 300	Bis ca. 60 Mio. EUR
Mittlere Unternehmen	Bis ca. 3.000	Bis ca. 600 Mio. EUR
Große Unternehmen	Über 3.000	Über 600 Mio. EUR

Abbildung 1: Quantitative Mittelstandsdefinition des DMI
(vgl. *Becker/Ulrich* (2009), S. 3)

Eine Einteilung mittelständischer Unternehmen alleine aufgrund von Größenkriterien greift jedoch zu kurz. Deshalb wird im Folgenden eine Verfeinerung der Untersuchung mit Hilfe einer mittelstandsspezifischen Unternehmenstypologie vorgenommen.
Eine Eingrenzung des Begriffs Mittelstand alleine durch quantitative oder qualitative Definitionen zeigt sich als nicht hinreichend (vgl. *Wallau* (2005), S. 1ff.). Deshalb wird die Betrachtung um die beiden Aspekte Besitz und Leitung erweitert und als Grundlage einer Typologie mittelständischer Unternehmen verwendet. Nach Definition des *DMI* lassen sich fünf charakteristische Unternehmenstypen innerhalb des Mittelstands unterscheiden. (vgl. zu den Unternehmenstypen *Becker/Ulrich* (2009), S. 2ff.) Die Typologie ist in einem zweiten Schritt mit den bereits diskutierten quantitativen und qualitativen Mittelstandskriterien zu kombinieren.
Für die vorliegende Untersuchung sollen insbesondere die drei in Abb. 2 dargestellten Betriebstypen Eigentümer-Unternehmen, Familienunternehmen und fremdgeführter Mittelstand, also der gesamte Mittelstand mit Familientradition, thematisiert werden. Diese werden dann den atypischen Unternehmensformen, also mischfinanzierten Unternehmen und Publikumsgesellschaften, gegenübergestellt.

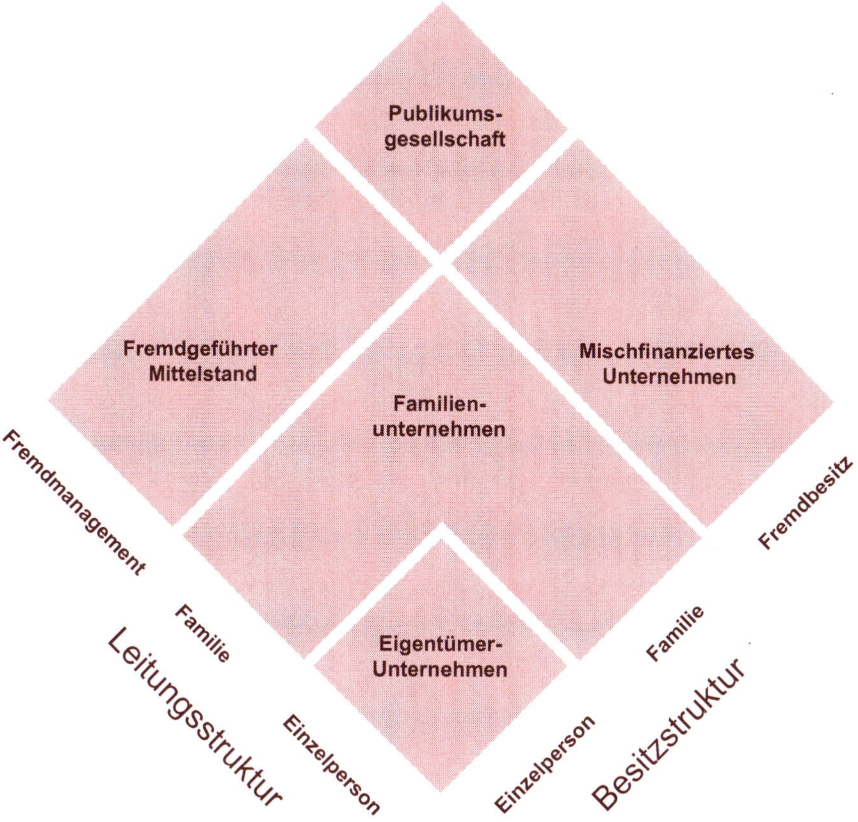

Abbildung 2: Typologie des Mittelstands

Eine Vielzahl mittelständischer Unternehmen kann als Eigentümer-Unternehmen klassifiziert werden. Diese Unternehmen weisen hinsichtlich ihrer Leitungs- und Besitzstruktur besondere Merkmale auf. Sowohl Besitz als auch Leitung können eindeutig einer Einzelperson zugeordnet werden. Bezüglich dieses Unternehmenstyps sind insbesondere die Auswirkungen der vorliegenden Besitz- und Leitungsstruktur auf die Ausprägung von Geschäftsmodellen von Interesse. Hier besteht die Vermutung, dass persönliche Eigenschaften und Neigungen des Eigentümers das Unternehmen in besonderem Maße prägen.

Familienunternehmen weisen in Bezug auf Leitungs- und Besitzstruktur einen unmittelbaren Einfluss der Familie auf. Oberster Entscheidungsträger (z.B. als CEO) ist stets ein Familienmitglied – auch dann, wenn ein Fremdmanagement in der Geschäftsführung etabliert ist.

Der fremdgeführte Mittelstand zeichnet sich dadurch aus, dass sich das Unternehmen im Besitz einer Einzelperson oder einer Familie (mindestens zwei Personen) befindet, während die Leitung komplett an ein externes Management vergeben wurde. Aufgrund der zunehmenden Entfernung der Familie vom operativen Geschäft werden in Anlehnung an die quantitative Mittelstandsdefinition des DMI nur Unternehmen bis ca. 3.000 Mitarbeiter oder 600 Millionen Euro Umsatz zu dieser Gruppe gezählt. Größere Unternehmen mit nahezu identischen Besitz- und Leitungsstrukturen sind qualitativ eher mit Publikumsgesellschaften vergleichbar.

1.2 Geschäftsmodelle – eine Begriffsabgrenzung

Die Entstehung des Begriffs *„Geschäftsmodell"* ist mit dem Aufkommen der New Economy in der Zeit von 1998 bis 2001 assoziiert, obwohl der begriffliche Ursprung früher anzusetzen ist. *Osterwalder/Pigneur/Tucci* (2005) finden die erste Verwendung des Begriffs in einem Artikel aus dem Jahr 1957 (vgl. *Osterwalder/Pigneur/Tucci* (2005), S. 4). Der eigentliche Ursprung des Begriffs lässt sich auf die Anfänge der Wirtschaftsinformatik Mitte der siebziger Jahre und im weitesten Sinne auch auf die Organisationstheorie zurückführen (vgl. *Schoegel* (2001), S. 10). Dort ist er seit über 20 Jahren wohldokumentierter Gegenstand der Beschäftigung zahlreicher Forscher (vgl. *Rentmeister/Klein* (2003), S. 18). Mit der New Economy erfuhr der Begriff seine Übertragung auf dem betriebswirtschaftlichen Kontext.
Der Begriff *„Geschäftsmodell"* ist somit nicht neu, aber doch inhaltlich neu belegt (vgl. *Schoegel* (2001), S. 8). In der Wirtschaftsinformatik bezeichnet er das Ergebnis der Geschäftsmodellierung und ist in diesem Zusammenhang ein gängiger Begriff bei der Gestaltung von Informationssystemen und dem *„Business Process Engineering"* (vgl. *Nilsson/Tolis/Nellborgn* (1999), S. 1). Das Modell stellt Teile des Unternehmens mit all seinen Prozessen, Aufgaben und Datenströmen dar. Es dient dabei hauptsächlich der Gestaltung von Informationssystemen und Umgestaltung von Prozessen. Als gemeinsame Grundlage erleichtert es in diesem Zusammenhang die Kommunikation von unterschiedlichen Akteuren der Systementwicklung (vgl. *Nilsson/Tolis/Nelborgn* (1999), S. 3).
Generell wird das Konstrukt *„Geschäftsmodell"* in der betriebswirtschaftlichen Forschung in Universal- und Partialansätzen verwendet (vgl. *Wirtz* (2010)). Partialmodelle stellen Teilaspekte einer Unternehmung dar, oder beschreiben branchenspezifische Geschäftsmodelle (vgl. *Meinhardt* (2002), S. 219). In diesem Zusammenhang spielen E-Business-Geschäftsmodelle, die aus einer Wertschöpfungskettendekomposition entstanden sind, eine besondere Rolle. Universalmodelle beschreiben die Geschäftstätigkeit eines Unternehmens als Ganzes bzw. können teilweise auch über Unternehmensgrenzen hinausgehen. *Wirtz* (2010, S. 115) sieht das Geschäftsmodell z.B. innerhalb der Unternehmensgrenzen, während *Stähler* (2001, S. 41ff.) das Geschäftsmodell besonders als unternehmensübergreifendes Konstrukt versteht. Das intuitive Grundverständnis, dass dieser Verwendung des Begriffs zugrunde liegt beschreibt *Porter* wie folgt: *„Most often, it seems to refer to a loose conception of how a company does business and generates revenue." (Porter* (2001), S. 73)
Wie einleitend bereits erwähnt, herrscht in der Literatur bisweilen Uneinigkeit über Begriff und konstituierende Elemente des Konstrukts. Teil dieser Untersuchung ist

es daher einen erfahrungswissenschaftliche Definition des Begriffes zu erarbeiten. Vorab sollte festgehalten werden, dass sich die bereits vorhandenen Definitionen im Wesentlichen in zwei Betrachtungsebenen einteilen lassen: Einige Autoren nehmen eine ganzheitliche Definition vor (vgl. *Zollenkop* (2006), S. 41). *Zollenkop* beschreibt in diesem Zusammenhang mehrere Partialmodelle, während andere das Geschäftsmodell als Konglomerat seiner Elemente definieren (vgl. *Bornemann* (2010), S. 21). An dieser Stelle wird deshalb nur eine vorläufige abstrakte Definition von Geschäftsmodellen erfolgen. Zusätzlich werden einige Elemente beispielhaft diskutiert.

Das Konzept *„Geschäftsmodell"* kann begrifflich durch die Zusammensetzung der Wörter *„Geschäft"* und *„Modell"* beschrieben werden (vgl. für eine ähnliche Vorgehensweise *Knyphausen-Aufseß/Meinhardt* (2002), S. 65; *Umbeck* (2009), S. 48). Als Geschäft eines Unternehmens kann die spezifische Ressourcentransformation eines Unternehmens und die Aufnahme von Beziehungen zur Umwelt definiert werden (vgl. *Schneider* (1997), S. 55; *Meyer* (1996), S. 23ff.). Modelle sind dabei vereinfachte, strukturgleiche oder strukturähnliche Abbilder eines Ausschnitts der Realität (Vgl. *Schweitzer* (2000), S. 72). Das Modell konzentriert sich dabei auf ausgewählte – im Hinblick auf die Fragestellung relevante – Aspekte der Realität und ermöglicht einen Überblick und damit die Annäherung an die Lösung des zugrunde liegenden Problems. *Schütte* unterscheidet zudem im betriebswirtschaftlichen Kontext zwischen abbildungsorientierten und konstruktionsorientierten Modellen (vgl. *Schütte* (1998), S. 46). Erstere betonen dabei die bereits angesprochene Repräsentanzfunktion, indem sie die *„Abbildung für etwas"* in den Mittelpunkt rücken. Letztere stellen das Modell nicht nur als strukturähnlich, sondern auch als strukturgebende Abbilder dar. Modelle können somit auch als *„Abbilder für etwas"* stehen (vgl. *Brinkmann* (2001), S. 72; *Zloch* (2007), S. 90).

Demnach ist ein Geschäftsmodell die (vereinfachende, strukturähnliche oder strukturgebende) Abbildung von ausgewählten Aspekten der Ressourcentransformation des Unternehmens sowie seiner Austauschbeziehungen mit anderen Marktteilnehmern.

Nach diesem ersten Schritt der Definition müssen nun die bereits angesprochenen einzelnen Aspekte, auf die sich das Geschäftsmodell bezieht, zur Komplettierung der Definition herangezogen werden. Diese Aspekte, die sog. Geschäftsmodellelemente, sind in diesem Kontext als generische Elemente zu verstehen, die in allen Geschäftsmodellen eine Rolle spielen (vgl. *Wiese* (2005), S. 20). Wie eingangs bereits erwähnt wurde, wird die Frage nach den konstituierenden Elementen eines Geschäftsmodells in der wissenschaftlichen Literatur sehr unterschiedlich beantwortet (vgl. *Sheer/Thomas/Wagner* (2003), S. 20; *Morris/Schindehutte/Allen* (2005), S. 728). Betrachtet man die reine Anzahl der beschriebenen Elemente in der Literatur, so existieren Konstrukte mit drei (vgl. *Amit/Zott* (2001); *Knyphausen-Aufseß/Meinhardt* (2002)) bis acht Dimensionen (vgl. *Afuah/Tucci* (2001); *Bieger/Rüegg/Stürm* (2002)).

Als konstituierend für ein Geschäftsmodell wurden auf Basis der vorliegenden theoretischen und empirischen Literatur für die vorliegende Untersuchung die folgenden sieben Elemente identifiziert: Produkt-Markt-Kombination, Konfiguration und Erreichung von Wertschöpfung, Ertragsmechanik, Wettbewerbsorientierung, Ressourcenstruktur und Unternehmenskultur/Organisation. Das erste Element eines Geschäftsmodells sind die Produkt-Markt-Kombinationen eines Unternehmens. Synonym kann ebenfalls der Begriff Geschäftsfelddefinition verwendet werden (vgl. *Kuss/Tomczak* (2002), S. 70). Dieses Element beschäftigt sich mit der Frage, auf welchen Märkten mit welchen Produkten das Unternehmen konkurrieren möchte und wie die Art von Transaktionsbeziehung zum Kunden aussieht. Die Passgenauigkeit von Produkt und Markt ist ausschlaggebend für den Erfolg eines Unternehmens. Immer wichtiger werden dabei auch die Gestaltung und Pflege der Kundenbeziehung (vgl. *Knyphausen-Aufseß/Meinhardt* (2002), S. 66ff.). Als weiteres Element wird die Konfiguration und Erreichung von Wertschöpfung betrachtet. In diesem Zusammenhang lassen sich vor allem Wettbewerbsvorteile aus der Reihenfolge der Wertschöpfungsschritte an sich und ihrer Anordnung generieren (vgl. *Zollenkop* (2006), S. 54).

Die Ertragsmechanik bzw. die Erlösstruktur ist ein weiteres Element von Geschäftsmodellen. Dieses Element spiegelt hauptsächlich die Erlösquellen und -arten wieder und betrachtet die Preis- bzw. Volumenstrategien des Unternehmens (vgl. *Zollenkop* (2006), S. 75; *Knyphausen-Aufseß/Meinhardt* (2002), S. 76). Die Wettbewerbsorientierung bildet die Wettbewerbsposition und die Strategie für den Umgang mit Wettbewerbern ab. Besonders für mittelständische Unternehmen ist dies aufgrund von Marktwahl oder Konkurrenz größerer Unternehmen von besonderer Bedeutung.

Die Ressourcenstruktur ist ein besonders für mittelständische Unternehmen elementarer Bestandteil des Unternehmens. Die Begrenztheit des Kapitals und der Mitarbeiter stellt für mittelständische Unternehmen eine besondere Herausforderung dar (vgl. *Krämer* (2003), S. 205).

Unternehmenskultur und Organisation bilden ein weiteres untersuchtes Element. Die meisten Ansätze in der Literatur zu Geschäftsmodellen behandeln diesen Aspekt nur am Rande oder berücksichtigen ihn implizit (vgl. *Umbeck* (2009), S. 63).

Neben der uneinheitlichen Verwendung des Geschäftsmodellbegriffs wird häufig auch dessen synonyme Verwendung zu anderen Begriffen beklagt (vgl. *Schweizer* (2005), S. 42; *Rentmeister/Klein* (2003), S. 18). *Pecha* kommt zu dem Schluss, *„dass zahlreiche Autoren den Terminus eher als Synonym für andere etablierte Begriffe einsetzen“* (*Pecha* (2004), S. 15). Dies würde den Mehrwert dieser Arbeit infrage stellen. Eine Abgrenzung zu dem am ehesten Synonym verwendeten Begriff *„Strategie“* scheint demnach angezeigt. Häufig wird der Begriff des Geschäftsmodells mit Aspekten des Begriffs Strategie verwechselt (vgl. *Seddon et al.* (2004), S. 12). Dieses Problem wird sicherlich dadurch verstärkt, dass für den Begriff der Strategie selbst keine allgemeingültige Definition in der Literatur vorherrscht (vgl.

Knyphausen-Aufseß/Meinhardt (2002), S. 64; *Porter* (1996), S. 61). Bedingt durch diesen Umstand und die Vielfalt der Definitionen des Begriffs Geschäftsmodell wird auch die Abgrenzung unterschiedlich vorgenommen. *Knyphausen-Aufseß/Meinhardt* (2002, S. 64) sehen das Geschäftsmodell als eine Weiterentwicklung des Strategiekonzepts. Auf der anderen Seite verstehen *Morris et al.* (2005, S. 727) zumindest einige Aspekte der Strategie als Bestandteil von Geschäftsmodellen. Die weit verbreitete Definition von *Timmers* hingegen sieht die Strategie nicht als Bestandteil des Geschäftsmodells, sondern betrachtet sie ausdrücklich getrennt (vgl. *Rentmeister/Klein* (2003), S. 19). *Lam/Harrison-Walker* (2003, S. 18) wiederum sehen im Geschäftsmodell ein Vehikel zur Umsetzung der Strategie des Unternehmens.
Das Verhältnis zwischen Geschäftsmodell und Strategie lässt sich demnach nicht abschließend und eindeutig klären. Generell lässt sich jedoch festhalten, dass Strategie und Geschäftsmodell komplementäre Konstrukte darstellen, deren Über- bzw. Unterordnungsverhältnis ungeklärt ist. Die Strategie an sich kann als tendenziell eher dynamisch und handlungsorientiert beschrieben werden, während das Geschäftsmodell in der vorliegenden Arbeit und sowohl statische (im strukturähnlichen Sinne) als auch dynamische (im strukturgebenden Sinne) Facetten beinhalten kann.

1.3 Geschäftsmodelle mit Fokus Mittelstand

Für mittelständische Unternehmen lassen sich auf Basis etablierter wissenschaftlicher Literatur vier originäre Merkmale im Sinne eines kleinsten gemeinsamen Nenners ermitteln (vgl. für eine ähnliche Herangehensweise: *Damken* (2007), S. 58ff.; *Stroeder* (2008), S. 32ff.; *Ulrich* (2011), S. 25):

1. Wirtschaftliche und rechtliche Selbstständigkeit
2. Einheit von Eigentum, Kontrolle und Leitung
3. Personenbezogenheit der Unternehmensführung
4. Begrenzte Größe des Unternehmens

Das Merkmal der wirtschaftlichen und rechtlichen Selbstständigkeit bezieht sich in diesem Zusammenhang auf die Sichtweise mittelständischer Unternehmen als flexible, eigenständige Einheiten, welche aufgrund ihrer Konzernunabhängigkeit einige Vorteile als auch Nachteile aufweisen (vgl. *Becker/Staffel/Ulrich* (2008), S. 19). Das Merkmal der Einheit von Eigentum, Kontrolle und Leitung eines Unternehmens zielt auf die zentrale Rolle des Eigentums – meist interpretiert als personale Größe ‚Eigentümer' – im Unternehmen ab (vgl. *Stroeder* (2008), S. 32). Das Merkmal der Personenbezogenheit der Unternehmensführung ist bezieht sich auf die zentrale Rolle der Unternehmerpersönlichkeit in betrieblichen Entscheidungsprozessen (vgl. *Goeke* (2008), S. 12; *Piontkowski* (2009), S. 357). Die begrenzte Größe des Unternehmens wird in der Literatur oft im Sinne einer Begrenztheit der Ressourcenbasis mittelständischer Unternehmen interpretiert (vgl. *Becker/Ulrich* (2009), S. 4ff.). Die Betriebsgröße begrenzt somit die konkrete Ausübung der Geschäftstätigkeit (vgl. *Mugler* (2008), S. 47).

Aus diesen originären Merkmalen lassen sich in einem nächsten Schritt weitere Merkmale mittelständischer Unternehmen ableiten. Diese derivativen Merkmale werden in Anlehnung an *Pfohl* (2006, S. 18ff.) dargestellt und um eine der Balanced Scorecard ähnliche Gliederung in Ressourcen, Prozesse, Markt und Wert erweitert:

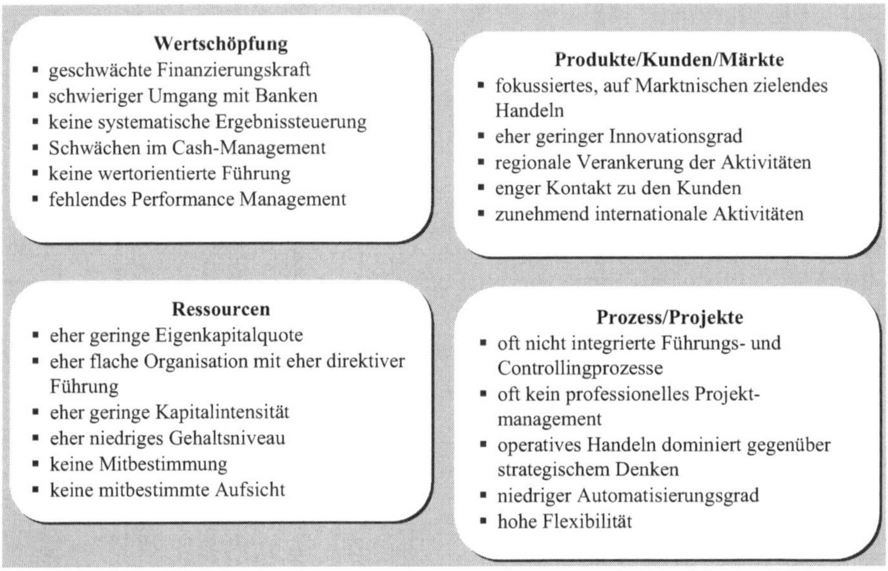

Abbildung 3: Problembereiche der Unternehmensführung im Mittelstand

Geschäftsmodelle sind nur dann erfolgsversprechend, wenn der Unternehmer auch seine interne Organisationsstruktur entsprechend gestaltet (vgl. *Grichnik et al.* (2010), S. 124). Die Bedeutung des ‚Fits' zwischen interner und externer Organisationsstruktur ist seit langem bekannt. In Anlehnung an die klassische Kontingenztheorie kann die Abstimmung interner und externer Faktoren zum Unternehmenserfolg beitragen (vgl. *Kieser/Walgenbach* (2010), S. 199ff.).
Die Verbindung zur Erfolgswirkung wird auch in der Sicht von *Weissmann* (2006, S. 105) deutlich: *„Ein Geschäftsmodell ist die ursächlich verknüpfte, bildhafte Darstellung der Erfolgsfaktoren eines Unternehmens."* Betrachtet man nun die Merkmale mittelständischer Unternehmen und die bisher diskutierten Geschäftsmodellelemente nebeneinander, so ist festzustellen, dass das Eigentum als zentrales Element mittelständischer Geschäftsmodelle gelten kann (vgl. *Becker/Staffel/Ulrich* (2008), S. 21). Das Eigentum ist in diesem Kontext sowohl als institutionelle als auch personelle Größe zu interpretieren (vgl. *Becker/Ulrich* (2010), S. 12). Diese Sichtweise auf mittelständische Geschäftsmodelle lässt sich in Anlehnung an *Becker* konkretisieren. Für mittelständische Unternehmen weisen die drei prinzipiellen Determinanten der Unternehmenspolitik (vgl. *Becker* (2010), S. 45) – Kultur, Strategie und

Struktur – drei unternehmenspolitischen Gestaltungselemente spezifische Ausprägungen auf, die sich an Spannungsfeldern orientieren.

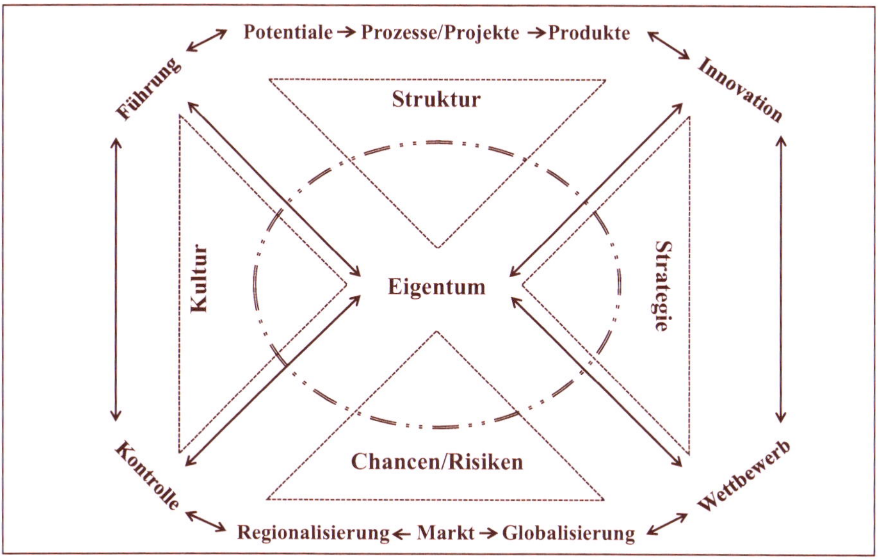

Abbildung 4: Spannungsfelder mittelständischer Geschäftsmodelle

(vgl. *Becker/Staffel/Ulrich* (2008), S. 21)

Die Spannungsfelder Kultur (Führung vs. Kontrolle), Struktur (Potentiale, Prozesse/Projekte und Produkte) Strategie (Innovation vs. Wettbewerb) sowie eine im geografischen Umfeld realisierte, spezifische Situation zwischen Regionalisierung und Globalisierung der Märkte führen zu einer besonderen Chancen-Risiken-Konstellation des Mittelstands.

Verschiedene Autoren wie z.B. *Simon* (2007) und *Meffert/Klein* (2007) haben sich mit Erfolgsstrategien (im Fall von *Simon*) bzw. mit Erfolgsformeln (im Fall von *Meffert/Klein*) auseinandergesetzt. In ihren Beiträgen thematisieren sie jedoch ähnliche Aspekte, wie sie auch in der vorliegenden Studie im Vordergrund stehen.

Simon befasst sich beispielsweise in seinen Studien auch mit dem Geschäftserfolg der von ihm charakterisierten *„Hidden Champions"* und nennt als wichtigen Indikator das *„Ergebnis der Geschäftstätigkeit"* (*Simon* (2007), S. 35). Die Analyse dieser Geschäftstätigkeit wird vom Autor wiederum in verschiedenen Kategorien, im einzelnen Wachstum und Marktführerschaft, Markt und Fokus, Globalisierung, Kunden und Leistungsangebote, Innovation, Wettbewerb, Finanzierung, Organisation und Umfeld, Mitarbeiter, Führung sowie Strategieentwicklung vorgenommen.

Diese Erkenntnisse lassen sich anhand der für den vorliegenden Beitrag als zentral charakterisierten Elemente eines Geschäftsmodells weiter konkretisieren. Auf Basis des hier verfolgten, qualitativ-empirischen Ansatzes steht in der Folge die Ableitung möglicher Einflüsse der mittelstandsbezogenen Charakteristika auf einzelne Elemente von Geschäftsmodellen im Vordergrund.

1.4 Zielsetzung und Aufbau des Buchs

Mittelständische Unternehmen werden meist durch quantitative und/oder qualitative Kriterien von Großunternehmen abgegrenzt. Keine der existierenden Definitionen schafft es jedoch, das „Mittelständische" des Charakters dieser Unternehmen herauszufinden. Der vorliegende Beitrag stellt das Geschäftsmodell als entscheidend für das Vorliegen eines mittelständischen Wesens heraus.

Hermann Simon sorgte Anfang der 1990er Jahre mit seinen Arbeiten zu den „Hidden Champions" national und auch international für Aufsehen. Er thematisierte deutsche, österreichische und auch Schweizer Unternehmen, die sich durch teilweise erstaunliche und auch unkonventionelle Produkte und Strategien nachhaltig erfolgreich in ihren jeweiligen Märkten positionieren konnten. Nach Simon kennzeichnen sich Hidden Champions vor allem durch drei Aspekte: Sie sind die Nummer 1, 2 oder 3 auf dem Weltmarkt oder die Nummer 1 in Europa, sie weisen einen Umsatz von weniger als 3 Milliarden Euro auf und sind in der Öffentlichkeit eher unbekannt (qualitatives Merkmal ohne genaue Quantifizierung). Die Hidden Champions machen vieles, ja sogar fast alles anders als Großunternehmen und gelten – teilweise mit Recht – seit längerem als Vorbilder für deutsche Mittelständler und Familienunternehmen.

Letztere Tatsache ist jedoch vor allem aus zwei Gründen problematisch. Zum einen ist die bisher mangelnde empirische Fundierung der Erfolgswirkung der Zugehörigkeit zu einem bestimmten Betriebstyp zu sehen. Auch wenn Simon die Hidden Champions als besonders erfolgreiche Unternehmen kennzeichnete, ist in der empirischen Forschung bisher kein einheitlicher Befund dazu zu finden, ob mittelständische Unternehmen und Familienunternehmen langfristig eine bessere oder schlechtere Performance als (anonyme) Großunternehmen aufweisen. Als Referenz und somit vermeintlicher Beweis für die bessere Performance von Familienunternehmen wurde in den letzten Jahren immer wieder die im Vergleich zum DAX bessere Entwicklung des GEX® (German Entrepreneurial Index) angeführt. Entgegen der populären Interpretation handelt es sich beim GEX® jedoch um keinen Index für mittelständische Unternehmen und Familienunternehmen. Der Index stellt vielmehr auf Unternehmen in einer speziellen Phase, nämlich der Gründung, ab und betrachtet nur die Wertentwicklung von Unternehmen mit höchstens zehnjähriger Existenz.

Ein zweiter Problembereich ist in der mangelhaften Operationalisierung der Begriffe Mittelstand und Familienunternehmen sowie KMU zu sehen. Wenn diese drei Begrifflichkeiten in der Öffentlichkeit mit den Hidden Champions gleichgesetzt werden, erschwert dies die Ableitung von Handlungsempfehlungen für die Unternehmensleitung enorm. Die vorliegende Untersuchung zielt darauf ab, die bisherige Forschung zu Geschäftsmodellen im Mittelstand durch eine Überprüfung theoriegeleiteter Thesen weiterzuentwickeln. Als erstes Teilziel werden relevante Erkenntnisse zu Geschäftsmodellen anhand der Erarbeitung einer eigenen Geschäftsmodelldefinition nebst Literaturüberblick zusammengefasst. Das Aufzeigen der Forschungslücke durch eine Abgrenzung mittelständischer und nicht-mittelständischer Unternehmen stellt das zweite Teilziel der vorliegenden Untersuchung dar. Ein generischer Geschäftsmodellansatz wird als drittes Teilziel ausgehend von der Integration des ressourcen- und marktorientierten Ansatzes des strategischen Managements und unter Einarbeitung bereits bestehender Erkenntnisse zu Geschäftsmodellen konstruiert. Auf dieser Basis sollen in einem vierten Teilziel in Kombination mit bereits bestehenden Arbeiten zu mittelständischen Unternehmen thesenartig erste theoretische Erkenntnisse zu den Ausprägungen von Geschäftsmodellen junger Unternehmen erarbeitet werden. Als fünftes und letztes Teilziel soll die Überprüfung des empirischen Gehalts dieser Thesen in einer eigenen Fallstudienuntersuchung formuliert werden, um so erste Hinweise zur Ausprägung von Geschäftsmodellen im Mittelstand zu erhalten.

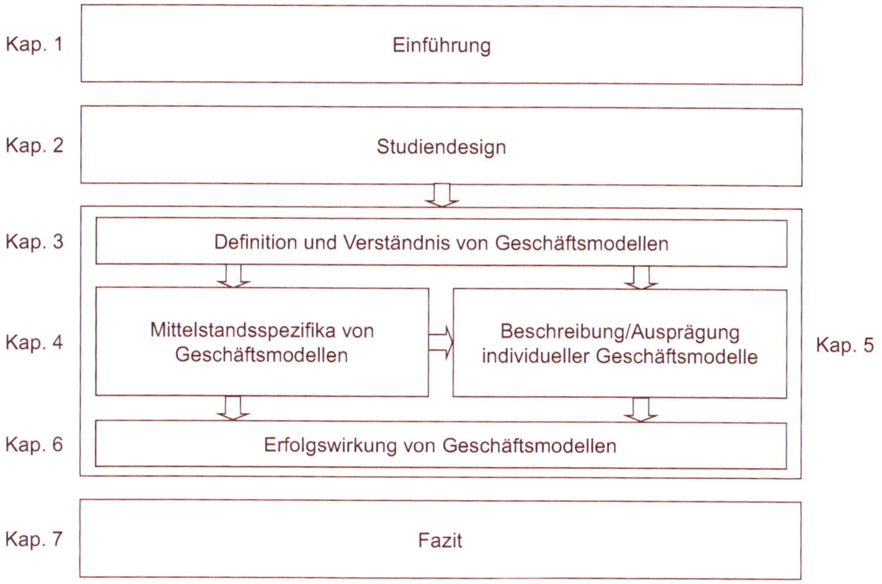

Abbildung 5: Aufbau des Buchs

2 Studiendesign

Im nachfolgenden Kapitel werden die angewandte Forschungsmethodik (Kapitel 2.1), Aufbau und Durchführung der Interviews (Kapitel 2.2) sowie die Charakterisierung der Probanden (Kapitel 2.3) aufgezeigt.

2.1 Forschungsmethodik

Bisher fand die Frage nach einem Geschäftsmodellkonzept wenig wissenschaftliche Beachtung. Dies betrifft insbesondere die Ermittlung von Schlüsselfaktoren erfolgreicher Mittelständler sowie die Frage, ob konstituierende Charakteristika mittelständischer Unternehmen Einfluss auf die erfolgreiche Gestaltung von Geschäftsmodellen haben.

Der Mangel an wissenschaftlichen Vorarbeiten auf diesem Gebiet der Forschung gibt Anlass, sich nicht mittels quantitativer Untersuchungen sondern mit Hilfe qualitativer Forschungsmethoden den oben genannten Fragestellungen zu nähern.

Quantitative Forschungsmethoden ermöglichen nur in unzureichendem Maße eine Offenlegung von Kausalstrukturen. Individuelle Kausalstrukturen können in Form von qualitativen Forschungsdesigns aufgezeigt werden, in ihrer Tiefenstruktur analysiert werden und Möglichkeiten für die Ableitung von Empfehlungen und Tendenzaussagen geben.

In diesem Zusammenhang gilt also der qualitative Forschungsansatz nach *Bortz/Döring* (2002, S. 295ff.) als besonders geeignet. Eine besondere Form wird anhand der Grounded Theory Methodology (GTM) zum Ausdruck gebracht (vgl. *Mruck/Mey* (2009), S. 32ff.). Allerdings wird innerhalb der vorliegenden Forschungsarbeiten nicht auf diese Theorie Bezug genommen, da diese eine Theoriebildung zum Ziel hat. Der vorliegende Bericht soll aber gerade nicht nur Theorie, sondern vielmehr eine Brücke zwischen theoretischen Gedankengut und den Erfahrungen der Praxis schlagen (vgl. *Mruck/Mey* (2009), S. 34).

Die Auswertung qualitativer Befragungen erfolgt auf Basis der Methode des ständigen Vergleichens. Es liegt folglich ein analytischer Prozess, der auf Mitteln und Verfahren einer systematischen Konzeptionalisierung und auf einem Kodierparadigma basiert, vor (vgl. *Strübing* (2008), S. 18ff.). Weiterhin werden die Hauptinformationen auf Grundlage der empirischen Forschungen erhoben. Gleichzeitig wird ex-ante eine bestimmte theoretische Perspektive festgelegt. Folglich kann die Gewinnung neuer Erkenntnisse, die auf dem empirischen Material basiert, unter Umständen eingeschränkt werden (vgl. *Strübing* (2008), S. 58).

Aus theoretischer Perspektive beschäftigt sich die vorliegende Abhandlung mit dem Gebiet „Betriebswirtschafslehre mittelständischer Unternehmen“ und „Konzeptionalisierung von Geschäftsmodellen“. Das qualitative Forschungsdesign kann anhand der Methodik einer Fallstudie am ehesten beschrieben werden. Im Folgenden wird verdeutlicht, welche Merkmale die Fallstudie aus empirischer Sicht aufzeigt.

Die Untersuchung eines Phänomens oder Konstrukts steht im Mittelpunkt einer Fallstudienuntersuchung (vgl. *Seider* (2006), S. 215). Nach *Yin* (2003, S. 12ff.; S. 86) kommen verschiedene Datenquellen für Fallstudien in Betracht. Dies sind Beobachtungen, Dokumente und Interviews. Fallstudien ermöglichen ein verbessertes Verständnis relevanter Zusammenhänge. Folglich leisten sie einen Beitrag zur Erklärung der untersuchten Phänomene.

Die vorliegende Untersuchung orientiert sich an einem sechsstufigen Prozess, der aus methodischer Perspektive für die Fallstudienuntersuchung gewählt wird (vgl. *Eisenhardt* (1989)). In der zweiten Phase werden die Fallstudienunternehmen ausgewählt. Die zu befragenden Unternehmen sind nicht zufällig, sondern theoretisch begründet auszuwählen. Reliabilität und Validität der Untersuchung ist auch an dieser Stelle stets sicherzustellen. Schließlich werden in der dritten Phase die Daten erhoben, indem die Interviews durchgeführt werden. In der vierten Phase werden die Daten analysiert sowie wichtige Zusammenhänge herausgearbeitet. Die anschließende fünfte Phase dient der Ableitung von Hypothesen, die in einer sechsten Phase mit theoretisch erarbeitetem Gedankengut der Literatur abgeglichen werden, um die eigentlichen Forschungsergebnisse der Untersuchung formulieren zu können. Die vorliegende Abbildung verdeutlicht die beschriebene Phasenabfolge.

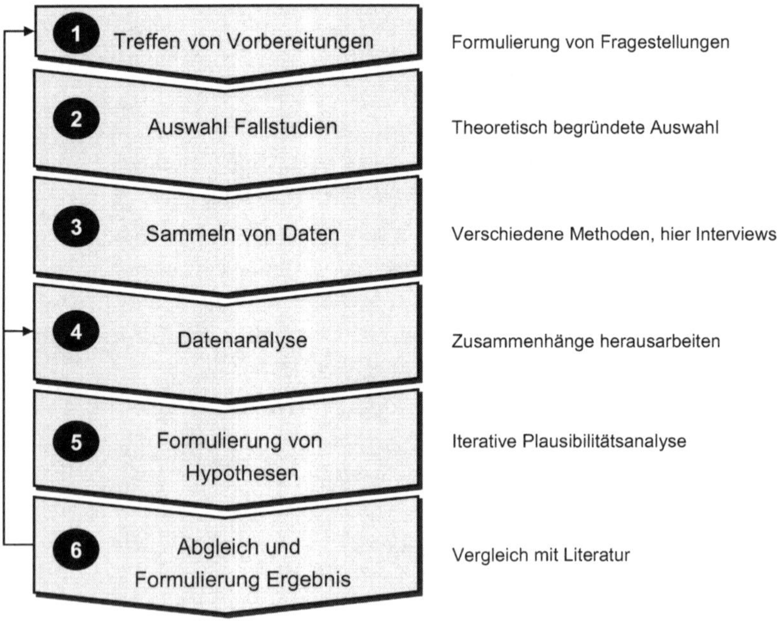

Abbildung 6: Vorgehensweise in Fallstudienuntersuchungen

(in Anlehnung an: *Eisenhardt* (1989), S. 533)

Wie bereits erläutert, dient das Forschungsdesign „Fallstudie“ dazu, mit Hilfe persönlicher Interviews Hypothesen zu generieren. Diese Hypothesen werden in einem weiteren Schritt, bestehenden Konstrukten und Theorien, die die Literatur liefert, gegenübergestellt.

Nach *Yin* wird für die vorliegende Untersuchung die so genannte multiple Fallstudie mit eingebetteten Analyseeinheiten gewählt (vgl. *Yin* (2003), S. 51). Ziel dabei ist es, nicht nur einzelne Fälle zu analysieren, sondern auch fallstudienübergreifend Gemeinsamkeiten und Unterschiede herauszuarbeiten.

In der Literatur wird aus forschungstheoretischer Sicht zu einer Anzahl von vier bis zehn Fallstudien geraten (vgl. *Eisenhardt* (1989), S. 545). Aus Gründen der Komplexität im Bereich des Forschungsfeldes „Geschäftsmodelle mittelständischer Unternehmen“ wird innerhalb der vorliegenden Studie eine hohe Anzahl von Fallstudien durchgeführt. Letztlich konnte so auch ein möglichst umfassendes Bild vom Forschungsobjekt geliefert werden.

Als Datenquelle für Fallstudien werden innerhalb der Forschungstheorie häufig Interviews genannt. Insbesondere zur Erschließung subjektiver Zusammenhänge bietet ein Interview eine Vielzahl von Vorteilen (vgl. *Peräkylä* (2005), S. 869).

Aufgrund der hohen Anzahl der untersuchten Fallstudienunternehmen, erfolgt die Darstellung der Forschungsergebnisse in Form eines Mehrfachvergleiches aller erhobenen Unternehmensdaten. Einzelfälle werden als solche nur an ausgewählter Stelle des Beitrags aufgezeigt und als solche gekennzeichnet. Die dargestellten Einzelfälle dienen der Verdeutlichung der Forschungsergebnisse aus Sicht der Unternehmenspraxis.

Wie bereits erläutert, wurde als Datenquelle für die Fallstudienerhebung das problemzentrierte Interview gewählt (vgl. *Kamnek* (2006), S. 363 ff.; *Kurz* et al. (2008), S.463ff.). Die Interviews wurden auf Basis von Leitfäden durchgeführt, um eine Ableitung und Verdichtung der theoretischen Erkenntnisse zu ermöglichen (vgl. *Dul/Hak* (2008), S. 175ff.).

Das problemzentrierte Interview basiert auf Kombination induktiver und deduktiver Argumentationsschritte, die eine Modifikation der forschungsleitenden Theorie herbeiführt (vgl. *Lamnek* (2006), S. 364). Dieses Vorgehen kann unter anderem durch die Forschungskonzeption, die auf Kombination von Induktion und Deduktion ausgerichtet ist, erklärt werden (vgl. *Becker* (1990), S. 296).

Die nachfolgende Übersicht verdeutlicht die – von Becker propagierte – Forschungskonzeption im Gegenstrom.

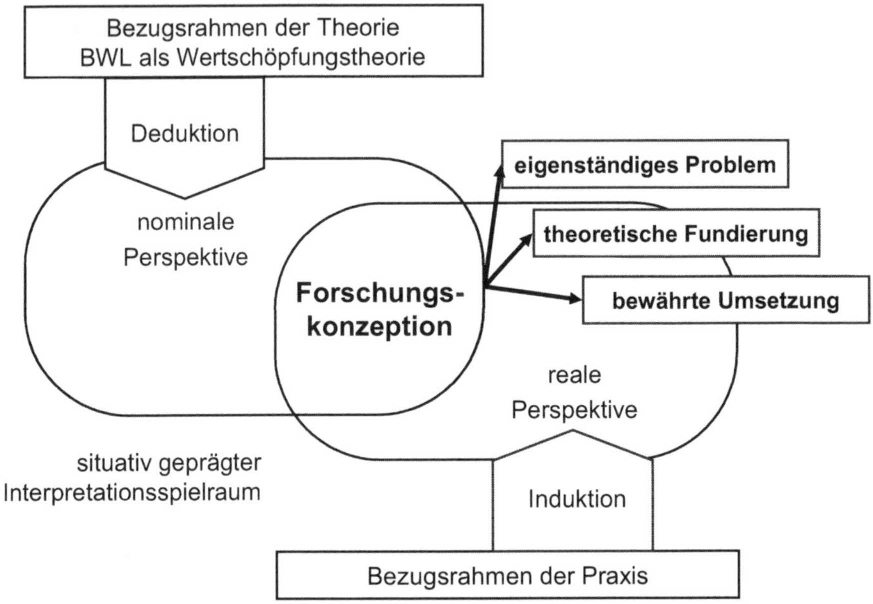

Abbildung 7: Forschungskonzeption im Gegenstrom nach *Becker*

(in Anlehnung an: *Becker* (1990), S. 296; *Becker/Staffel/Ulrich* (2008), S. 34)

Die deduktive und gleichzeitig induktive Vorgehensweise wird aus forschungstheoretischer Sicht auch als Triangulation bezeichnet. Es bieten sich einerseits verschiedene Möglichkeiten der Datenerhebung und andererseits verschiedene Möglichkeiten der Dateninterpretation an. Dieses Forschungsdesign eröffnet den Weg, ein möglichst geschlossenes Bild des untersuchten Phänomens zu erhalten (vgl. *Flick* (2007), S. 107ff.). Die hier beschriebene Triangulation, die sowohl innerhalb jeder einzelnen Fallstudie vorliegt als auch zwischen den verschiedenen Fallstudien zum Ausdruck kommt, steigert Konstruktvalidität sowie interne und externe Validität der Untersuchung (vgl. *Enkel* (2005), S. 26; *Kühring* (2006), S.125).

2.2 Aufbau und Durchführung der Interviews

Die dargestellte Forschung basiert auf qualitativen Interviews, die mit Geschäftsführern und Eigentümern mittelständischer Unternehmen durchgeführt wurden. Forschungsmethodisch konzentriert sich die Studie auf problemzentrierte Interviews (vgl. *Mayring* (2002), S. 67ff.).
Problemzentrierte Interviews werden anhand von Leitfäden durchgeführt. Sie sind folglich teilstrukturiert und eröffnen die Möglichkeit, individuell auf Probleme des befragten Unternehmens oder Gesprächspartners einzugehen. Gewonnenes Vertrau-

en zwischen Interviewten und Interviewer ermöglichen aus der Perspektive der Forscher, sensible Informationen zu erhalten.

Vorab definierte theoretische Kriterien stützen die Generierung von Probanden: Zunächst dient die Mittelstandstypologie des Deloitte Mittelstandsinstuituts dazu, Probanden über Datenbank- und Internetrecherchen zu identifizieren. In Folge dessen wurde die Untersuchung auf Unternehmen, die zwischen 50 und 5.000 Mitarbeiter verfügen, begrenzt.

Das Team des Deloitte Mittelstandsinstituts konnte insgesamt 135 Unternehmen auf telefonischem Wege kontaktieren und hinsichtlich ihres Interesses an der Teilnahme bei einem Interview befragen. 40 Geschäftsführer und/oder Eigentümer mittelständischer Unternehmen erklärten sich schließlich bereit, ein persönliches Interview zu tätigen. Dies entspricht einer Erfolgsquote von rund 30 Prozent.

Wie bereits erwähnt wurde während der Interviews ein Leitfaden eingesetzt, der insbesondere der Strukturierung des Gesprächsablaufs diente und somit in Hinblick auf die Auswertung der Forschungsergebnisse eine Vergleichbarkeit der Probandenaussagen ermöglicht.

Die 40 Unternehmensvertreter, die an den Interviews teilnahmen, erhielten den Leitfaden bereits im Vorfeld der Gespräche, um sich inhaltlich vorbereiten zu können. Diese Vorbereitung stützte auch eine ausführliche Projektbeschreibung, die ebenfalls im Vorfeld per E-Mail an die Probanden versandt wurde.

Der Ablauf eines jeden Interviews orientierte sich an der viergliedrigen Struktur des Leitfadens. In einem ersten Teil standen Definition und Verständnis von Geschäftsmodellen im Vordergrund. In einem zweiten Teil wurden Mittelstandscharakteristika von Geschäftsmodellen beleuchtet. Der dritte Teil des Leitfadens widmete sich schließlich der individuellen Ausgestaltung von Geschäftsmodellen. Im letzten Teil des Fragebogens stand die Erfolgswirkung von Geschäftsmodellen im Vordergrund.

Innerhalb der nachfolgenden Abbildung wird die gerade geschilderte Struktur der Forschung anhand einer sogenannten Strukturanalyse dargestellt. Diese Analyse eröffnet einen schematischen Blick auf die Kerninhalte des Forschungsprojekts. Sie wird in der Regel am Anfang von empirischen Forschungsprojekten erstellt und beinhaltet daher lediglich die Inhalte, allerdings keine Bewertung des Forschungsprojekts (vgl. *Wessel* (1996), S. 75; *Lamnek* (2006), S. 533f.).

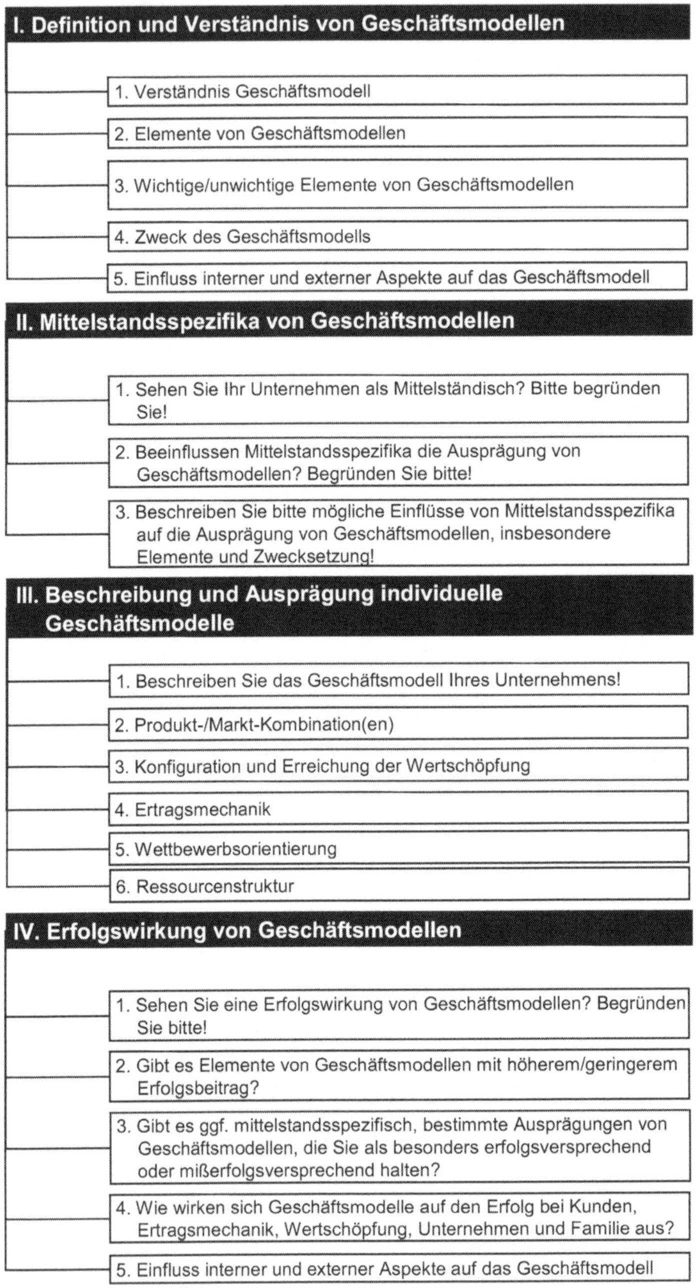

Abbildung 8: Strukturanalyse

Um eine Vergleichbarkeit der Forschungsergebnisse zu erzielen und um einen Überblick über die befragten Unternehmen zu erhalten, wurden alle Interviewten zu

Beginn der Interviews zu allgemeinen Unternehmensdaten befragt. Dies betrifft unter anderem Kriterien wie Rechtsform, Gründungsjahr, Mitarbeiterzahl oder Höhe des Umsatzes.

Die Interviews wurden direkt am Standort des Unternehmens, welches befragt wurde, durchgeführt. Bei den persönlichen Interviews waren der jeweils befragte Unternehmensvertreter, der Interviewer und ein Protokollant anwesend. Der Interviewer war einer der wissenschaftlichen Mitarbeiter, die in das Forschungsprojekt „Geschäftsmodelle mittelständischer Unternehmen“ integriert waren. Der Protokollant stammte ebenfalls von der Otto-Friedrich-Universität Bamberg und war dort als studentische Hilfskraft am Lehrstuhl von Professor Wolfgang Becker tätig.

Das Interview basierte auf einer freien Gesprächsführung, sodass die Interviews in ihrer Länge variierten. Sie dauerten mindestens 90 Minuten oder maximal 120 Minuten. Die freie Rede der Interviewten ist durchaus während eines problemzentrierten Interviews erwünscht. Folglich können wichtige und für die Forschung relevante Zusammenhänge deutlich werden (vgl. *Wessel* (1996), S. 136).

Der interviewende wissenschaftliche Mitarbeiter des Deloitte Mittelstandsinstituts an der Otto-Friedrich-Universität Bamberg hatte die Aufgabe während des Gesprächsablaufs Kontroll- und Verständnisfragen zu stellen. Eine Standardisierung der Gesprächsinhalte wurde durch den Interviewleitfaden, der sowohl dem Interviewer als auch dem Interviewten während des Interviews vorlag, sichergestellt (vgl. *Spöhring* (1995), S. 158).

Insgesamt konnte festgestellt werden, dass die Interviewsituation der einer alltäglichen Gesprächssituation ähnelte. Sicherlich wurde die inhaltliche Struktur mittels Gesprächsleitfaden vorgegeben, konnte und wurde allerdings häufig von den Probanden nicht stringent eingehalten. Dieses – bewusst von den Forschern hervorgerufene – Abschweifen von Kerninhalten musste jedoch bei zu starkem Ausmaß allein aus zeitlichen Gründen eingeschränkt werden.

Alle durchgeführten Interviews wurden im Nachgang transkribiert. Dieses Transkribieren ist als Dokumentation mündlicher wissenschaftlicher Untersuchungen zu verstehen (vgl. *Dittmar* (2004)). Der lateinische Wortlaut „transcribere“ bedeutet „schreiben“ oder „umschreiben“ (vgl. *Dittmar* (2004), S. 50ff.). Auf Grundlage der schriftlichen Wiedergabe der durchgeführten Kommunikation soll eine möglichst genaue Abbildung der realen Kommunikationssituation geschaffen werden.

Die Transkription dient der schriftlichen Fixierung der Aussagen, die der Interviewte im Interview trifft. Die Aufnahme der Daten erfolgte nicht per Tonband, sondern an Hand eines Gedächtnisprotokolls, welches der Protokollant während des Interviews handschriftlich erstellt (vgl. *Lamnek* (2005), S. 616; Gläser/Laudel (2009), S. 157).

Die Protokollierung der Gesprächsinhalte erfolgte nicht ohne Einwilligung der jeweiligen Eigentümer bzw. Geschäftsführer der befragten mittelständischen Unternehmen. Die Einwilligung gaben die Befragten innerhalb der Vorbereitungsphase zu den Interviews ab. Das forschende Deloitte Mittelstandsinstitut an der Otto-Friedrich-Universität Bamberg verpflichtete sich, diese Daten nicht Dritten zur Verfügung zu stellen und eine stets anonymisierte Verwendung des Datenmaterials einzuhalten. Dies gilt sowohl für den Interviewzeitraum (September 2010 bis Februar 2011) sowie die Phase der Auswertung und Publikation des Datenmaterials.

2.3 Charakterisierung der Probanden

Im nachfolgenden Abschnitt werden die teilnehmenden Unternehmen detaillierter anhand ausgewählter Merkmale charakterisiert. Dies erfolgt anhand von Rechtsform, Alter des Unternehmens, Branchenzugehörigkeit, Produktangebot, Marktanteil, Standorten im In- und Ausland, Mitarbeiterzahl und Umsatz. Abschließend wird die Selbstwahrnehmung der befragten Unternehmen hinsichtlich ihrer Zugehörigkeit zum Mittelstand analysiert.

Gesprächspartner

14 der Gesprächspartner sind als geschäftsführende Gesellschafter tätig und zwölf als Geschäftsführer. Zehn Befragte haben eine leitende kaufmännische Funktion inne. Darüber hinaus sind zwei Mitglieder des Vorstands vertreten; ein Gesprächspartner agiert als Partner und einer als Generalbevollmächtigter.

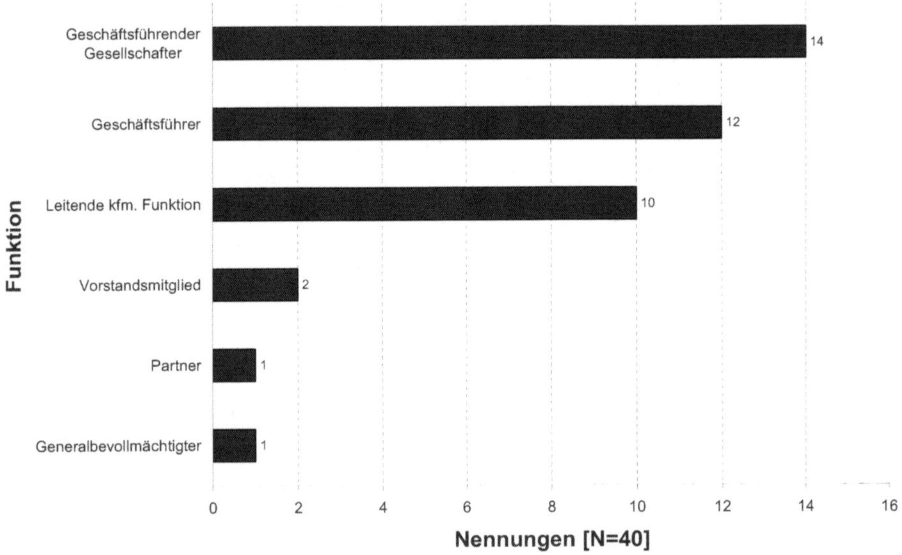

Abbildung 9: Funktion der Gesprächspartner

Lediglich zwei der Interviewten sind Frauen; 38 Interviewte sind männlichen Geschlechts.

Rechtsform

Von den 40 Unternehmen lassen sich 17 Unternehmen der Rechtsform der GmbH zuordnen. 16 Unternehmen fungieren in Form einer GmbH & Co. KG und fünf Unternehmen als Aktiengesellschaft; während jeweils eine Nennung auf die Rechtsform der gGmbh (gemeinnützige GmbH) sowie des e.V. entfällt.

Mit der großen Anzahl der Rechtsformen GmbH und GmbH & Co. KG stellt die vorliegende Erhebung nicht nur ein gutes Abbild der betrachteten Grundgesamtheit der mittelständischen Unternehmen dar, sie repräsentiert auch den industriell geprägten deutschen Mittelstand (Vgl. *Hausch* (2004), S. 92ff.).

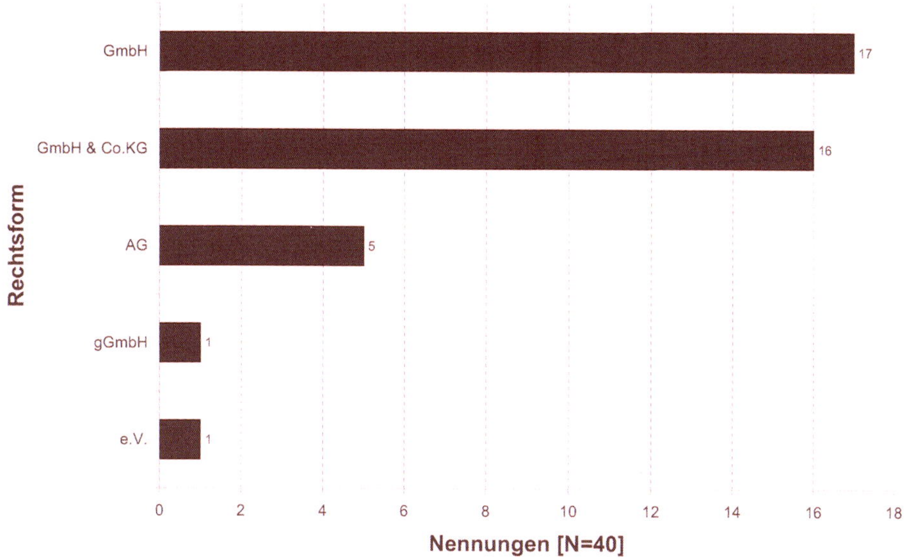

Abbildung 10: Rechtsformen der untersuchten Unternehmen

Gründungsjahr

Das Gründungsjahr ermöglicht Rückschlüsse über die Altersstruktur der antwortenden Unternehmen. Um dies zu beantworten, wurde das jeweilige Unternehmensalter von den Befragungsteilnehmern abgefragt bzw. im Vorfeld des Interviews recherchiert.

Sieben der befragten Unternehmen wurden vor 1900 gegründet, während 13 weitere im Zeitraum von 1900 bis 1949 das Datum ihrer Gründung bekunden. In den Jahren 1950 bis 1999 wurden 16 der 40 befragten Unternehmen gegründet, wohingegen eine Unternehmensgründung nach dem Jahr 2000 lediglich bei vier befragten Unternehmen stattfand.

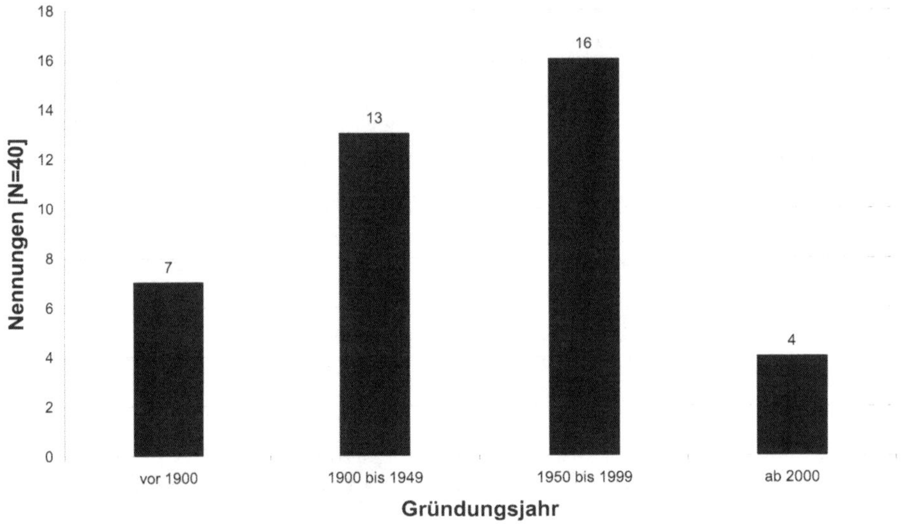

Abbildung 11: Alter der untersuchten Unternehmen

Branchenzugehörigkeit

Einen weiteren Gesichtspunkt im Rahmen der Überprüfung der Repräsentativität stellt die Frage nach der Branche dar, in die ein mittelständisches Unternehmen auf Grund seiner Geschäftstätigkeit eingeordnet werden kann. Hierbei wurden die Antworten der Unternehmen nach einer Klassifikation des Statistischen Bundesamtes den jeweiligen Kategorien zugeordnet (vgl. *Statistisches Bundesamt* (2011)).

22 der befragten 40 Unternehmen lassen sich dem produzierenden Gewerbe (ohne Baugewerbe) zuordnen. Sieben Unternehmen sind als öffentliche und private Dienstleister zu kategorisieren. Weitere vier Unternehmen sind im Baugewerbe tätig. In den Bereich Handel, Gastgewerbe und Verkehr können drei befragte Unternehmen einordnet werden, während auf dem Gebiet der Finanzierung, Vermietung und Unternehmensdienstleistung lediglich vier Unternehmen tätig sind.

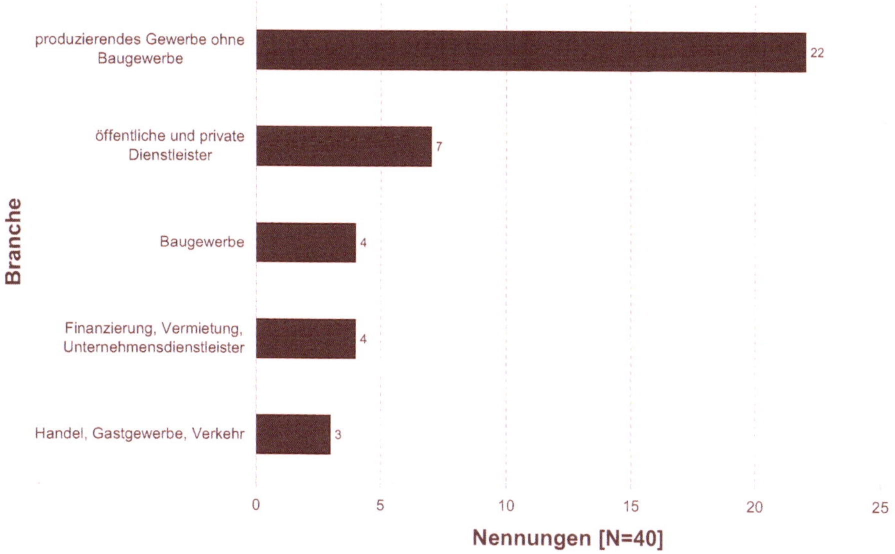

Abbildung 12: Branche der untersuchten Unternehmen

Produktportfolio

16 der 40 befragten Unternehmen sind Dienstleister. Weitere acht Unternehmen spezialisieren sich auf Maschinen und Fahrzeuge. Jeweils fünf Nennungen entfallen auf die Produktgruppen Nahrungsmittel sowie assoziierte bearbeitete Waren. Elf Unternehmen konzentrieren sich auf andere – hier nicht weiter zu differenzierende – bearbeitete Waren.

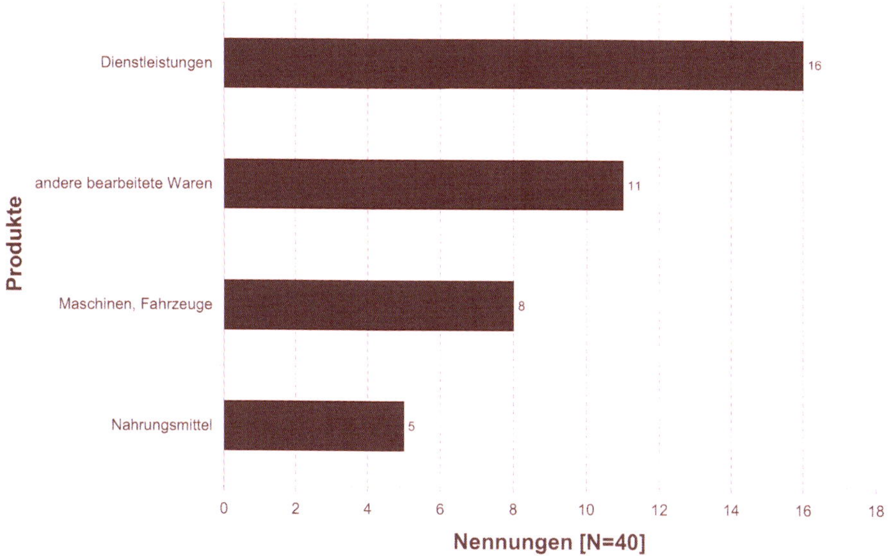

Abbildung 13: Produkte der untersuchten Unternehmen

Marktanteil

Drei Unternehmen weisen einen Marktanteil, der kleiner als 10 Prozent ist, auf. Jeweils sechs Unternehmen beanspruchen einen Anteil am Markt, der zwischen 10 Prozent und 30 Prozent bzw. zwischen 50 Prozent und 70 Prozent liegt. Vier Unternehmen weisen einen Marktanteil zwischen 30 Prozent und 50 Prozent auf, wohingegen zwei der befragten Unternehmen sogar einen Anteil von über 70 Prozent verzeichnen. Der durchschnittliche Marktanteil der befragten Unternehmen ist zwischen 30 Prozent und 50 Prozent beziffert.

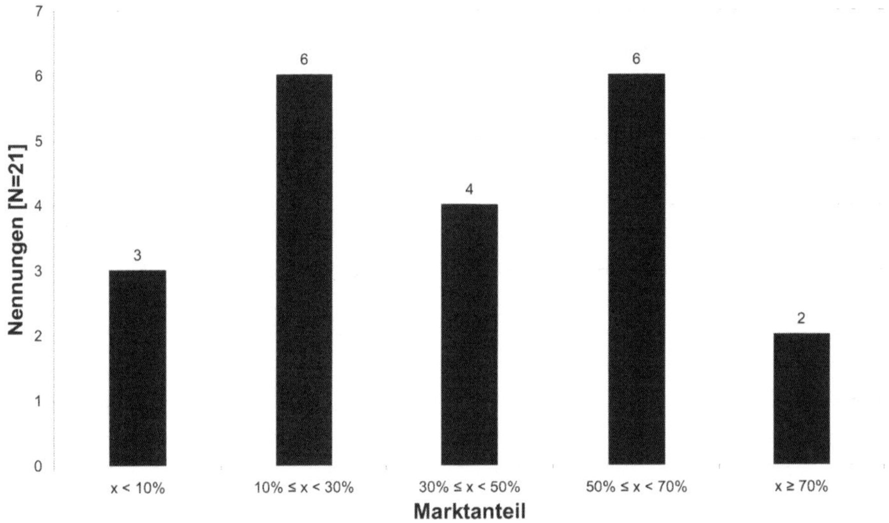

Abbildung 14: Marktanteil der befragten Unternehmen

Standorte im Inland

Durch die Erhebung der Anzahl der Unternehmensstandorte konnte die geografische Konzentration der Stichprobe untersucht werden.

19 Unternehmen besitzen lediglich einen inländischen Standort. 13 Unternehmen verfügen über mehr als einen und weniger als fünf Standorte im Inland. Vier der befragten Unternehmen koordinieren ihr Geschäft ausgehend von fünf bis zehn Standorten im Inland. Vier Unternehmen weisen mehr als zehn inländische Unternehmensstandorte auf. Drei der befragten Unternehmen erachten eine Abgrenzung der einzelnen Standorte als schwierig, was auf die komplexe Gestaltung ihrer Geschäftstätigkeit zurück zu führen ist. Durchschnittlich weisen die befragten Unternehmen zwischen einem und fünf inländischen Standorten auf.

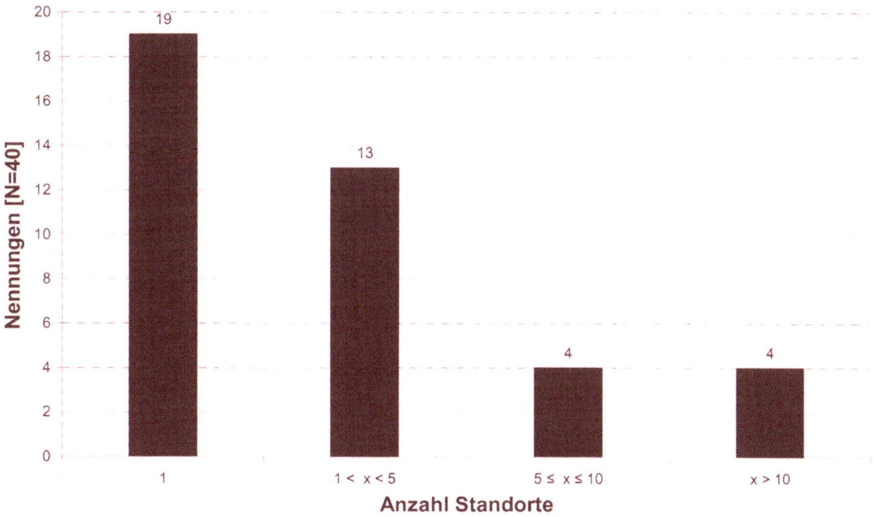

Abbildung 15: Anzahl der Standorte im Inland

Standorte im Ausland

Mit 20 Nennungen verfügt ein Großteil der Unternehmen nicht über einen ausländischen Standort. Allerdings unterhalten fünf Unternehmen zumindest einen Standort im Ausland, während neun weitere zwischen einem und fünf ausländischen Standorten aufweisen. Drei der befragten Unternehmen besitzen zwischen fünf und 10 Standorte; drei Unternehmen verfügen sogar über mehr als 10 ausländische Standorte. Bei drei der Probanden kann keine genaue Abgrenzung getroffen werden, wie viele Standorte im Ausland existent sind.

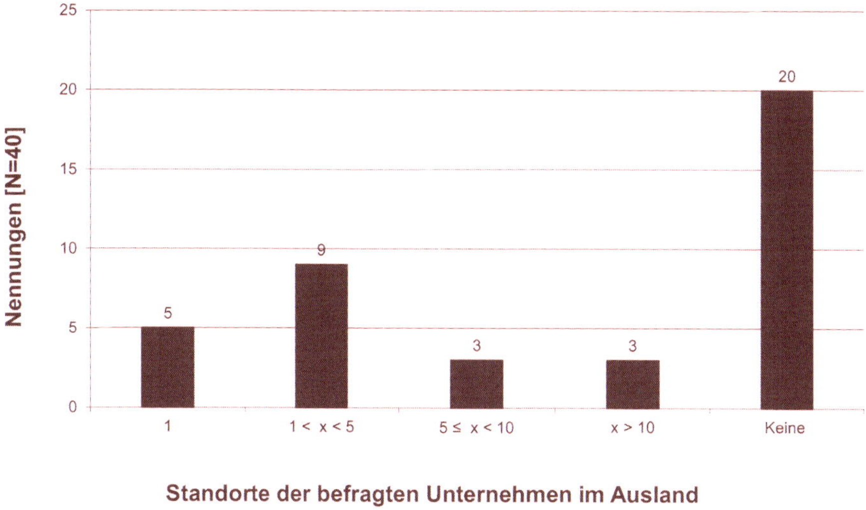

Abbildung 16: Anzahl der Standorte im Ausland

Größenklassifikation

Um Einordnung und Klassifikation der mittelständischen Unternehmen vorzunehmen, hat das Deloitte Mittelstandsinstitut an der Otto-Friedrich-Universität in Bamberg – wie bereits besprochen – eine eigene Mittelstandsdefinition entwickelt. In der Befragung wurden zur Anwendung dieser Definition die Größen ‚Anzahl der Beschäftigten' und ‚Höhe des jährlichen Umsatzes' ermittelt. Die Frage wurde als offene Frage gestellt bzw. im Vorfeld des Interviews recherchiert. Die Antworten wurden im Nachhinein in – die im Folgenden dargestellten – Kategorien eingeteilt. Vier der befragten Unternehmen beschäftigen weniger als 30 Mitarbeiter. Zwölf Unternehmen geben eine Mitarbeiterzahl von 30 bis 300 an. Mit 23 Nennungen ist der Großteil der befragten Unternehmen Arbeitgeber für 300 bis 3.000 Mitarbeiter. Lediglich ein befragtes Unternehmen beschäftigt insgesamt mehr als 3.000 Mitarbeiter. Die durchschnittliche Mitarbeiterzahl betrug – zum Zeitpunkt der Erhebung – 371.

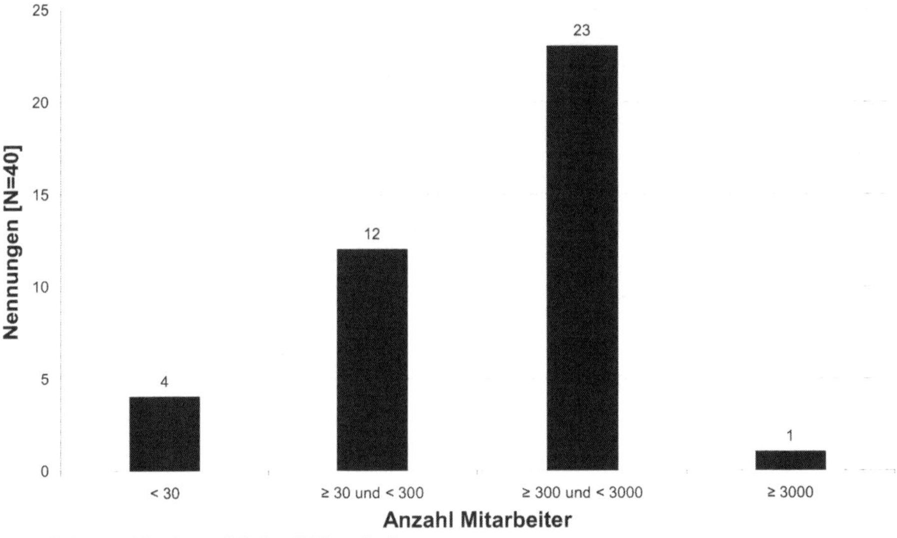

Abbildung 17: Anzahl der Mitarbeiter

Auch die Frage nach dem Umsatz wurde als offene Frage gestellt und im Nachhinein in Form von Kategorien analysiert. Der durchschnittliche Umsatz der Probanden wurde – zum Zeitpunkt der Erhebung – mit 108 Mio. Euro ermittelt. Die Verteilung gestaltet sich hierbei wie folgt: Sieben Unternehmen erzielen einen Jahresumsatz von weniger als 6 Mio. Euro, 13 Unternehmen erzielen zwischen 6 und 60 Mio. Euro. Weiterhin erwirtschaften 19 Unternehmen einen Umsatz zwischen 60 und 600 Mio. Euro. Lediglich ein Unternehmen überschreitet – laut eigener Angabe – hinsichtlich seines Jahresumsatzes eine Höhe von 600 Mio. Euro.

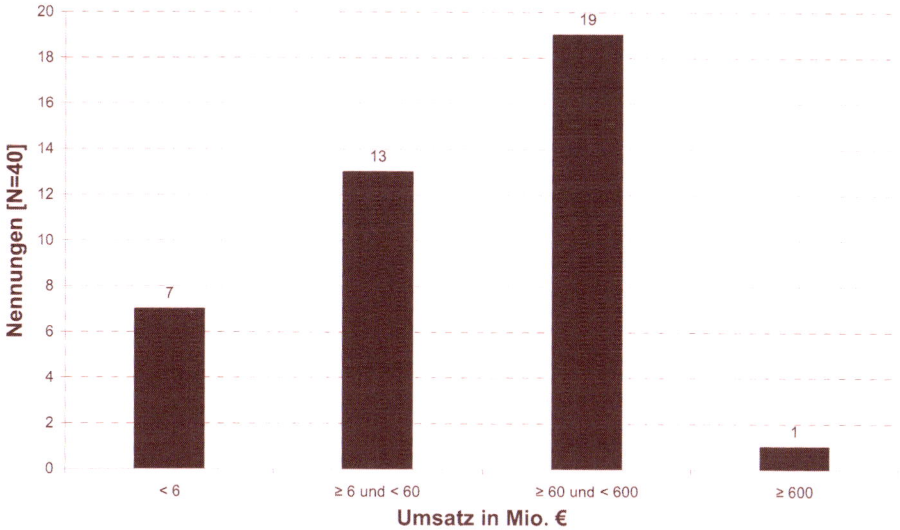

Abbildung 18: Umsatz in Mio. €

Aus der oben genannten allgemeinen Klassifizierung lässt sich – nach Anwendung der Größenkriterien des Bamberger Mittelstandsinstituts – die in der nachfolgenden Abbildung festgehaltene mittelstandsspezifische Klassifikation ableiten. Die Stichprobe setzt sich somit aus vier Kleinstunternehmen, zehn Kleinunternehmen, 24 mittleren Unternehmen und einem großen Unternehmen zusammen.

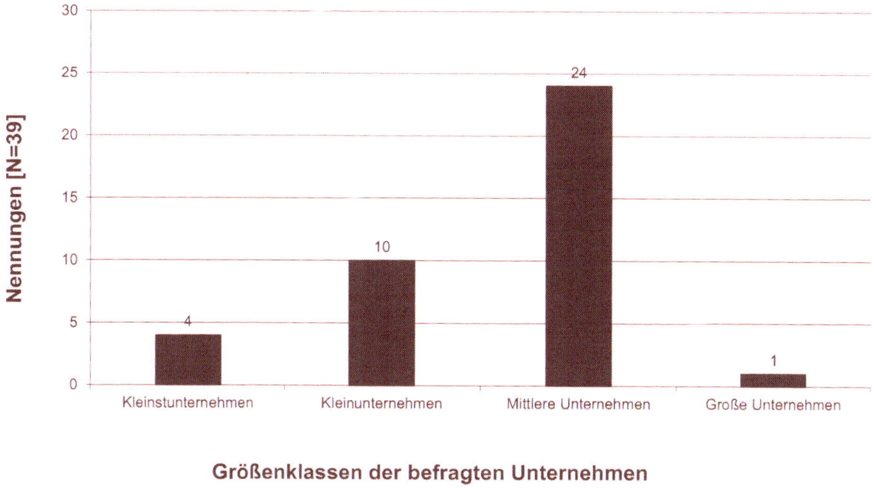

Abbildung 19: Klassifikation der Unternehmen

Konzernzugehörigkeit

24 der untersuchten Unternehmen sind kein Bestandteil eines Konzernverbundes. Sie agieren stattdessen unabhängig. 16 der in die Stichprobe gelangten mittelständischen Unternehmen sind jedoch innerhalb eines Konzernverbundes tätig. Hiervon sind vier als Muttergesellschaft und zwölf als Tochtergesellschaft zu klassifizieren. In der traditionellen mittelstandsorientierten Forschung werden konzernzugehörige Unternehmen nicht in die Analyse einbezogen, da für diese Unternehmen das Kriterium der wirtschaftlichen Selbstständigkeit als nicht gegeben angenommen wird und folglich diese Unternehmen nicht als mittelständisch im engeren Sinne gesehen werden. Diese Argumentation wird innerhalb dieser Studie nicht verfolgt, da auch Tochterunternehmen – unabhängig von Konzernzentralen – unter bestimmten Bedingungskonstellationen in weiten Teilen autonom agieren können.

3 Definition und Verständnis von Geschäftsmodellen

Das vorliegende Kapitel soll die in Kapitel 2 erarbeiteten theoretischen Grundlagen anhand von Einschätzungen aus der Praxis überprüfen. In diesem Zusammenhang soll v.a. das diesem Buch zugrunde liegende Geschäftsmodellverständnis empirisch überprüft werden. Weiter wird die Nutzung des Geschäftsmodells im betrieblichen Kontext näher beleuchtet. Von der Untersuchung werden ebenfalls Elemente von Geschäftsmodellen identifiziert und mit der theoretischen Diskussion verglichen. Schließlich werden interne und externe Einflussfaktoren herausgearbeitet.

3.1 Verständnis von Geschäftsmodellen

Der Geschäftsmodellbegriff, so ist deutlich geworden, hat sich sowohl in der Praxis als auch in der Wissenschaft durchgesetzt. Dennoch fehlt es in beiden Bereichen an einem generisch für beide akzeptablen Strukturierungsansatz.

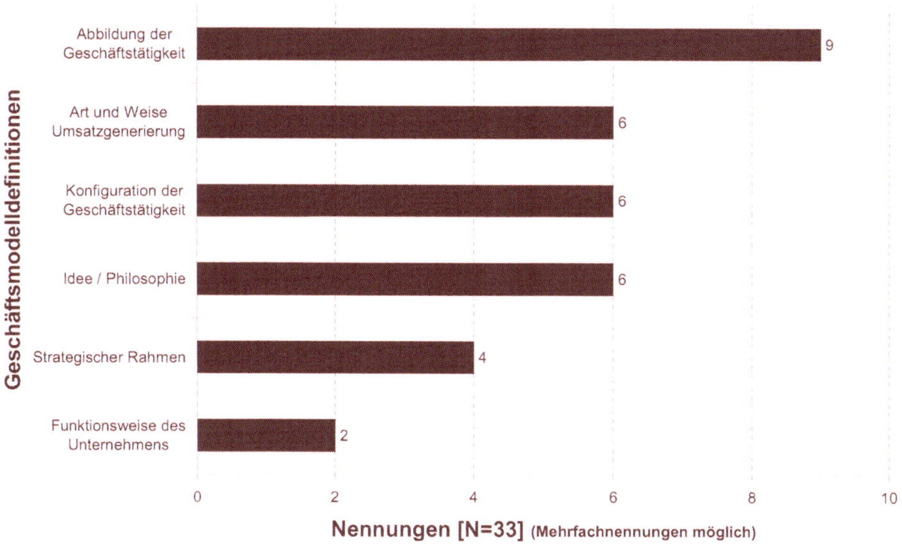

Abbildung 20: Verständnis von Geschäftsmodellen

Die in Kapitel 2 genannte Definition von Geschäftsmodellen als die vereinfachende, strukturähnliche oder strukturgebende Abbildung von ausgewählten Aspekten der Ressourcentransformation des Unternehmens sowie seiner Austauschbeziehungen mit anderen Marktteilnehmern spiegelt sich in der dem Buch zugrundeliegenden empirischen Untersuchung wider. Der überwiegende Teil der Befragten (n=9) assoziiert mit dem Begriff Geschäftsmodell die Abbildung der Geschäftstätigkeit und stellt damit hauptsächlich auf die vereinfachende und strukturähnliche Abbildung ab. Weitere Interviewpartner (n=2) definieren das Geschäftsmodell anhand der Funktionsweise des Unternehmens. Diese Sichtweise hat sich historisch für den Begriff des Geschäftsmodells seit den 1990er Jahren etabliert (vgl. *Rentmeister/Klein* (2003)) und reflektiert die Ressourcentransformation des Unternehmens. Zudem assoziieren die Befragten (n=6) die Konfiguration der Geschäftstätigkeit mit dem Begriff des Geschäftsmodells. Dieses Verständnis greift explizit auf inwieweit externe Partner einbezogen werden und wie die Austauschbeziehungen zu diesen gestaltet sein könnten. Weiterhin stellt für einige Befragte (n=6) das Geschäftsmodell die Geschäftsidee dar. Schließlich greifen die Interviewpartner (n=4) auch die strukturgebende Dimension des Begriffs auf und stellen heraus, dass Geschäftsmodelle ebenfalls als strategischer Rahmen interpretiert werden könnten.

Fallbeispiel

Das Unternehmen

Das betrachtete Unternehmen ist ein Lebensmittelproduzent. Zum stark innovativen Produktsortiment gehörten 80 Produkte, die u.a. an Standorten im In- und Ausland produziert werden. Zudem ist das Unternehmen durch Vertriebsgesellschaften in fast allen Ländern der Welt vertreten. An den Standorten beschäftigt das Unternehmen rund 2000 Mitarbeiter.

Das Geschäftsmodellverständnis des Geschäftsführers

„Aus meiner Sicht stellt das Geschäftsmodell dar, wie ein Unternehmen funktioniert. Es beinhaltet eine Produkt-Markt-Definition aus der wir interne Strukturen und Prozesse ableiten, um die Unternehmensziele zu erreichen. Unsere Strategie stellt dabei ein aus dem Geschäftsmodell heraus formuliertes Ziel dar.

Allerdings gibt es auch Wechselwirkungen zwischen Strategie und Geschäftsmodell. Die Strategie kann durchaus auch das Geschäftsmodell verändern. Zudem ist es zu kurz gegriffen das Geschäftsmodell nur im strategischen Bereich des Unternehmens zu sehen, denn die Auswirkungen auf die einzelnen Bereiche spielen gerade in unserem Unternehmen eine sehr große Rolle.“

Es kann festgehalten werden, dass das Geschäftsmodellkonstrukt in der Praxis nicht nur als Schlagwort bekannt ist, sondern durchaus eine weitere Konkretisierung erfahren hat. Es wird zudem anhand der Untersuchung deutlich, dass die dem vorliegenden Buch zugrundeliegende Geschäftsmodelldefinition sowohl im forschungs- als auch im praxisseitigen Kontext konsensfähig zu sein scheint. Für eine wertbasierte Sichtweise, wie diese von *Bieger/Reinhold* (2011) postuliert wird, können in der Untersuchung jedoch (noch) keine Anhaltspunkte gefunden werden.

3.2 Zwecke von Geschäftsmodellen

Das Geschäftsmodellkonzept ist ein Konstrukt multivalenter Natur, das mit unterschiedlichen Zwecken und Nutzen in Verbindung gebracht wird (vgl. *Baden-Fuller et al.* (2010), S. 143). Diese werden von *Bieger/Reinhold* ((2011), S. 26) in drei Bereiche gegliedert: das Geschäftsmodell als Modell der Planung (I), Analyse (II) oder Kommunikation (III).

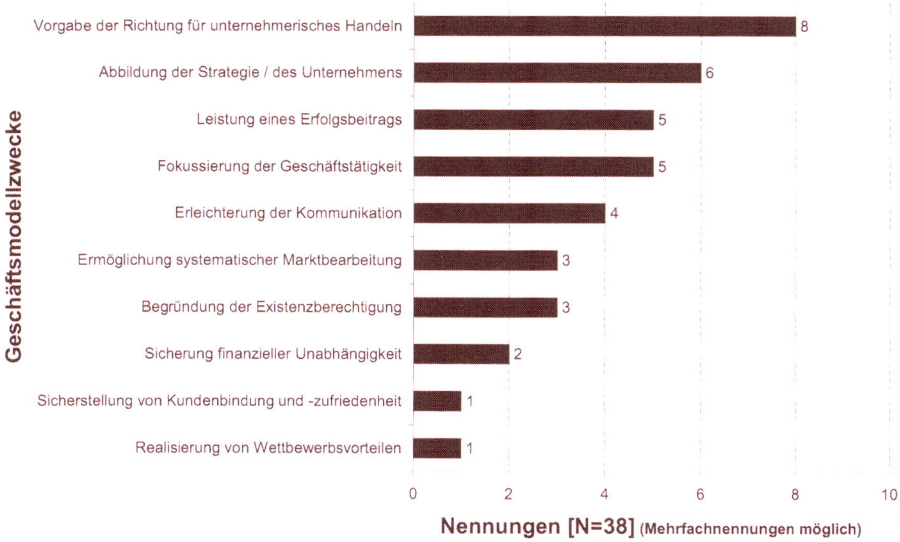

Abbildung 21: Zwecke von Geschäftsmodellen

Von den Interviewpartnern wird das Geschäftsmodell hauptsächlich zu Planungszwecken (I) genutzt, denn für einige gibt es die Richtung des unternehmerischen Handelns vor, oder fokussiert die Geschäftstätigkeit auf ihre Schlüsselelemente, indem es u.a. eine systematische Marktbearbeitung erleichtert, die Kundenbindung und -zufriedenheit sicherstellt oder auch die Realisierung von Wettbewerbsvorteilen ermöglicht.

Doch auch als Analyseinstrument (II) kommt es zum Einsatz: Es bildet in diesem Kontext die Strategie des Unternehmens ab und stellt dar, welche Elemente einen besonderen Beitrag zum Unternehmenserfolg leisten. Es zeigt hiermit, worin die Existenzberechtigung des Unternehmens besteht und wie es seine finanzielle Unabhängigkeit sichern kann.

Auch die Literatur macht deutlich, dass das Geschäftsmodell insbesondere als Planungs- und Analyseinstrument (vgl. *Sandrock* (2005), S. 2) genutzt werden sollte. *Grün/Brunner* (2002, S. 108) gehen auch davon aus, dass Geschäftsmodelle im

operativen Zusammenhang auch für die Spezifizierung und Umsetzung der Unternehmensstrategie genutzt werden können.
Des Weiteren scheint das Geschäftsmodell auch zur Erleichterung der Kommunikation von den Untersuchungsteilnehmern (n=4) eingesetzt zu werden. In diesem Rahmen hilft es ein konsistentes strukturiertes Bild der Grundmechanismen der aktuellen oder geplanten Geschäftstätigkeit gegenüber internen und externen Anspruchsgruppen zu vermitteln.

Fallbeispiel
Das Unternehmen
Das Unternehmen ist in der Branche des Maschinen- und Gerätebaus aktiv und hat 16 Standorte in Deutschland und weitere in Asien, Nord- und Südamerika. Es beschäftigt aktuell insgesamt 2500 Mitarbeiter und ist in drei Geschäftsbereichen organisiert.
Der Zweck des Geschäftsmodells aus Sicht des Geschäftsführers
„Ich finde, dass der Zweck eines Geschäftsmodells hauptsächlich darin liegt, den Fokus der Geschäftstätigkeit richtig zu setzen und zu überprüfen. Gleichzeitig sollte mit Hilfe des Geschäftsmodells aber auch kommuniziert werden. Zudem stellen wir anhand des Geschäftsmodells sicher, dass seine internen und externen Elemente, also marktliche Gegebenheiten und unsere interne Organisation, stimmig sind und zueinander passen.“

3.3 Zentrale Elemente von Geschäftsmodellen

Im wissenschaftlichen Kontext bestimmen der gewählte Geschäftsmodellansatz, und die ihm zugrundeliegenden Theorien, welche Elemente zur Beschreibung der Unternehmensrealität notwendig sind (vgl. *Bieger/Reinhold* (2011), S. 26; *Baden-Fuller/Morgan* (2010), S. 166). Die Frage nach den konstituierenden Elementen wird in der wissenschaftlichen Literatur sehr unterschiedlich beantwortet. Vergleicht man die reine Anzahl der beschriebenen Elemente, so existieren u.a. Konstrukte mit drei bis hin zu acht Dimensionen (vgl. *Amit/Zott* (2001); *Afuah/Tucci* (2001)).

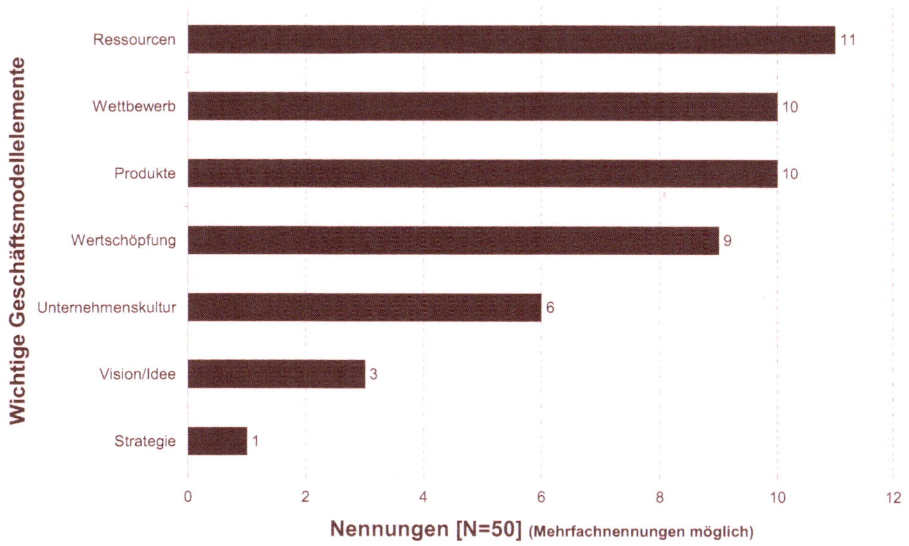

Abbildung 22: Elemente von Geschäftsmodellen

Als mit Abstand wichtigstes Element beschreiben die Interviewpartner die Ressourcen (n=11) Nahezu gleich wichtig scheinen zudem der Wettbewerb (n=10) und die Produkte (n=10) zu sein.Daneben spielt auch die Wertschöpfung (n=9) als Element eine zentrale Rolle. Weniger zentrale Elemente stellen Unternehmenskultur (n=6), Visionen und Ideen (n=3), als auch die Strategie (n=1) dar.

Vergleicht man die Auffassung der Befragten in Hinblick auf die Elemente von Geschäftsmodellen mit der eingangs dargelegten Zusammensetzung von Geschäftsmodellen in der Literatur, so sind einige Übereinstimmungen erkennbar. Darüber hinaus bestätigt die Untersuchung, die These von *Zott/Amit* (2008), dass es sich bei Strategie und Geschäftsmodell um zwei getrennte Konstrukte handelt, die separat betrachtet werden können.

Fallbeispiel

Das Unternehmen

Bei dem betrachteten Unternehmen handelt es sich um ein Unternehmen mit einem inländischen Standort. Im Ausland verzichtet das Unternehmen bewusst auf weitere Vertriebsniederlassungen. Das Kerngeschäft des Unternehmens konzentriert sich auf die Herstellung von Produkten aus Stahl für Endverbraucher. Daneben finden sich im Produktsortiment auch Dämm- und Schädlingsbekämpfungssysteme.

Die Elemente eines Geschäftsmodells aus Sicht des Geschäftsführers

„Das Geschäftsmodell sollte aus meiner Sicht Antwort auf die Fragen geben, mit welchen Produkten und Dienstleistungen das Unternehmen auf welchen Märkten auftritt. Danach sind zudem weitere Überlegungen anzustellen: wie z.B. die Bearbeitung des relevanten Marktes vorzunehmen ist und wie dafür die Leistungserstellung organisiert sein muss. Art und Umfang der Wettbewerbsvorteile des Unternehmens hängen jedoch entscheidend von den Wirkungsbeziehungen zwischen den einzelnen Elementen des Geschäftsmodells ab."

3.4 Interne und externe Einflussfaktoren von Geschäftsmodellen

Aufgrund der zunehmenden **Differenziertheit** und **Dynamik** der unternehmerischen Umwelt ist zu klären, ob und auf welche Art und Weise **externe Faktoren** einen Einfluss auf Geschäftsmodelle ausüben (vgl. *Becker* (2010), S. 3). Unternehmen müssen daher ihr Geschäftsmodell ständig auf den Prüfstand stellen, um es entweder reaktiv anzupassen oder proaktiv zukünftige Entwicklungen zu antizipieren.

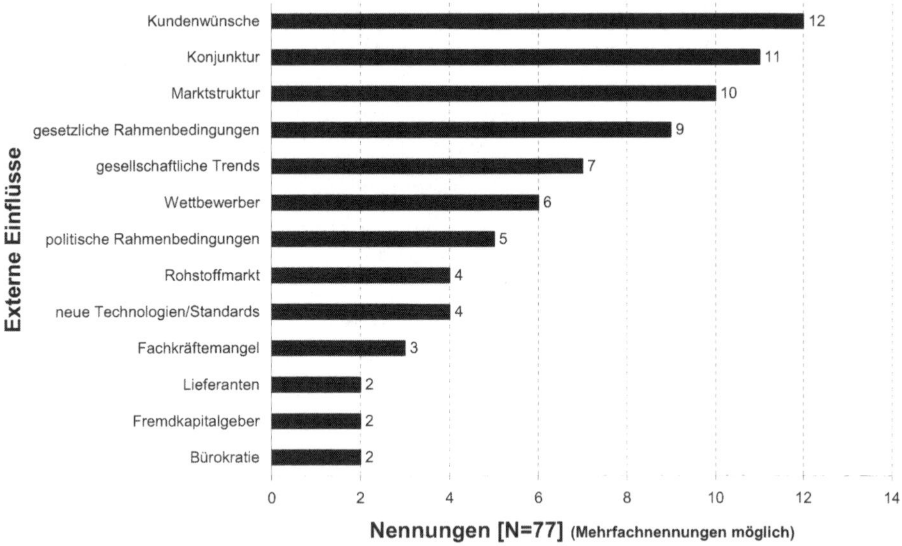

Abbildung 23: Externe Einflüsse auf das Geschäftsmodell

Die Nennungen wurden wiederum zu Kategorien zusammengefasst. Im Hinblick auf die externen Einflüsse werden von den Befragten mit weitem Abstand marktliche (n=30) Einflüsse genannt. Gesellschaftliche (n=17), wirtschaftliche (n=11) und gesetzliche (n=9) Einflüsse scheinen eine weniger wichtige Rolle zu spielen; wettbewerbliche (n=6) und technologische (n=4) Einflüsse nehmen eine untergeordnete Rolle ein.

Das hohe Einflusspotential des Markts auf das Geschäftsmodell spiegelt sich auch darin wider, dass der Markt das von den Befragten am häufigsten genannte Element von Geschäftsmodellen darstellt. Dementsprechend üben die Kunden über den Markt einen unmittelbaren Einfluss auf das Geschäftsmodell aus. Die richtige Anpassung des Geschäftsmodells stellt eine wesentliche Voraussetzung für die Generierung eines Kundennutzens und die damit einhergehende Sicherung von Wettbewerbsvorteilen dar (vgl. u.a. *Zollenkop* (2006); *Bieger/Reinhold* (2011)). Die Ergebnisse zeigen auch, dass der von *Knyphausen-Aufseß/Zollenkop* ((2011), S. 113) dargestellte weitreichende Einfluss technologischer Entwicklungen und Innovationen für mittelständische Geschäftsmodelle kein primärer Treiber für Wandel zu sein scheint.

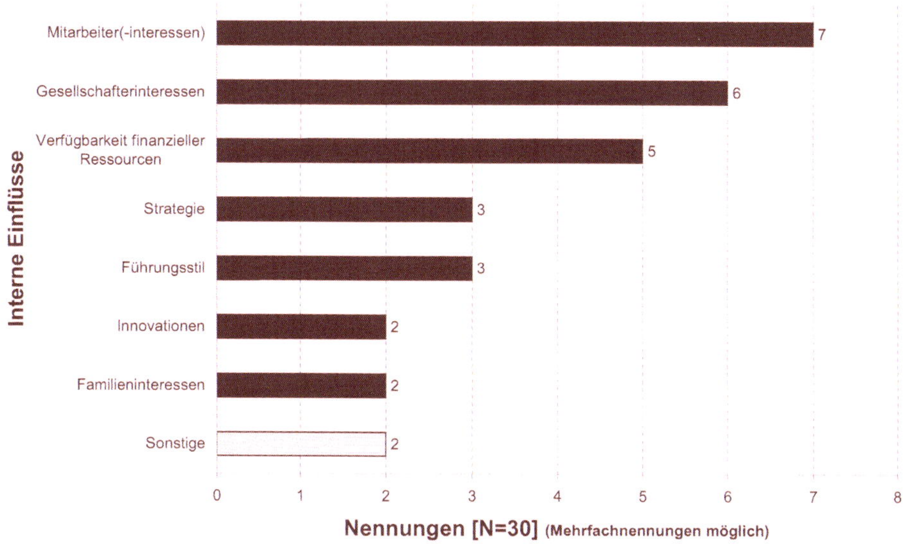

Abbildung 24: Interne Einflüsse auf das Geschäftsmodell

Neben den externen existieren auch zahlreiche interne Einflussfaktoren, die sich auf die Ausgestaltung des Geschäftsmodells auswirken. Am häufigsten werden diesbezüglich die Mitarbeiter(-interessen) (n=7), die Gesellschafterinteressen (n=6) und die Verfügbarkeit finanzieller Ressourcen (n=5) genannt. Auch die Strategie des Unternehmens (n=3) sowie der Führungsstil des Managements (n=3) scheinen das unternehmerische Geschäftsmodell zu beeinflussen. Ein geringer Anteil der Befragten sieht auch eine Beeinflussung des Geschäftsmodells durch Innovationen (n=2), Familieninteressen (n=2) und sonstige Einflussfaktoren, die mit jeweils einer Nennung das Unternehmensalter sowie unternehmensinterne Richtlinien umfassen, gegeben.

Der nachstehende Abschnitt zeigt deutlich, dass ein Geschäftsmodell **nicht** ein **einmalig definiertes Abbild** des betrieblichen Wertschöpfungsprozesses sein kann, das dauerhafte Gültigkeit aufweist. Vielmehr ist es ständig an die sich verändernden internen und externen Rahmenbedingungen anzupassen.

Fallbeispiel

Das Unternehmen

Das Unternehmen wurde im Jahr 2000 gegründet und verfügt sowohl über inländische als auch ausländische Standorte. Es ist in der Touristik-Branche tätig, und beschäftigt insgesamt 210 Mitarbeiter. Zu den angebotenen Services gehören die Vermittlung von Ferienhäusern und Kreuzfahrten.

Einflüsse auf das Geschäftsmodell aus Sicht des Geschäftsführers

„Ich finde, dass das Geschäftsmodell unseres Unternehmens durch zahlreiche Aspekte beeinflusst wird. Die wesentliche externe Beeinflussung findet durch die Akzeptanz am Markt statt. Dies ist dahingehend zu verstehen, dass sowohl das Unternehmen als auch die angebotenen Produkte und Dienstleistungen am Markt sowohl akzeptiert als auch honoriert werden müssen. Eine Fehleinschätzung der Branche verhindert die Akzeptanz am Markt und zwingt ein Unternehmen dazu, das Geschäftsmodell den Marktbedingungen anzupassen. Das Timing von Produkten spielt abermals eine wichtige Rolle, so gibt es zahlreiche Unternehmen die über innovative und kreative Ideen verfügen, der Markt jedoch dafür schlicht und einfach noch nicht bereit ist. Die internen Aspekte beziehen sich auf die Ressource „Mitarbeiter“. Es wird immer schwieriger, die Talente von heute (Führungskräfte von Morgen) in Unternehmen zu holen.“

4 Mittelstandsspezifika von Geschäftsmodellen

Im Zusammenhang mit Geschäftsmodellen wird regelmäßig der Einfluss der Branche auf die Art und Ausgestaltung des Geschäftsmodells diskutiert. *Andries/Debackere* ((2007), S. 95f.) finden in ihrer Untersuchung Hinweise die gegen eine Falsifizierung dieser These sprechen. Neben diesen Branchenabhängigkeiten ist jedoch auch die Frage zu stellen, ob zudem nicht auch unternehmenstypspezifische Ausprägungen Einfluss auf das Geschäftsmodell ausüben.

4.1 Einfluss von Mittelstandsspezifika auf Geschäftsmodelle

In anderen Bereichen, wie z.B. der Unternehmensführung oder dem Controlling konnte bereits ein möglicher Einfluss der mittelstandsspezifischen Besonderheiten nachgewiesen werden. Im Rahmen der hier vorliegenden empirischen Untersuchung soll versucht werden, einen ähnlichen Zusammenhang auch für Geschäftsmodelle nachzuweisen.

Es zeigt sich, dass die Mehrheit der Befragten (84 Prozent) von einem Einfluss der Mittelstandsspezifika auf das Geschäftsmodell ihres Unternehmens ausgehen. Lediglich einige wenige (11 Prozent) lehnen eine solche Sichtweise ab und weitere 5 Prozent machen hierzu keine Angabe.

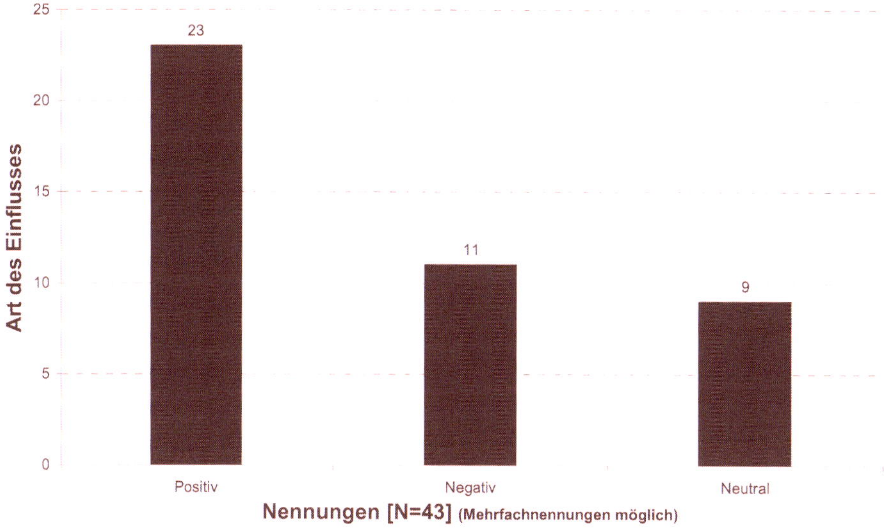

Abbildung 25: Wirkung von Mittelstandsspezifika auf Geschäftsmodelle

Gefragt nach der Art des Einflusses sieht der Großteil (n=23) der Interviewpartner eine positive Korrelation zwischen der mittelständischen Prägung des Unternehmens und dem dazugehörigen Geschäftsmodell, ein deutlich geringerer Teil (n=11) der Befragten geht von einer negativen Einflussnahme der Mittelstandsspezifika auf das Geschäftsmodell des Unternehmens aus. Ein fast ebenso hoher Anteil (n=9) betrachtet die Charakteristika mittelständischer Unternehmen und die Geschäftsmodelle von Mittelständlern als voneinander relativ unabhängig.

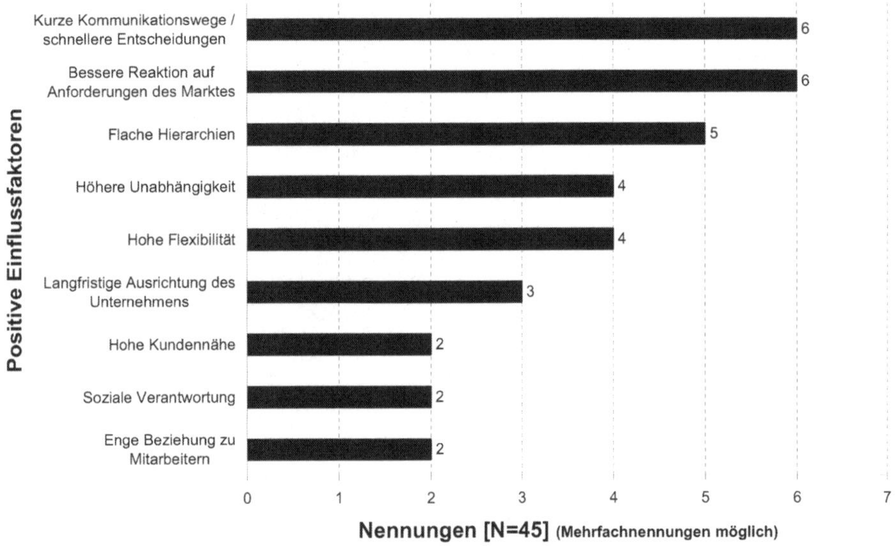

Abbildung 26: Mittelstandsspezifika mit positiver Wirkung

Die Nennungen wurden wiederum kategorisiert. Die Aspekte, die nach Meinung der Interviewpartner einen positiven Einfluss auf das Geschäftsmodell ausüben, stellen vorrangig auf die höhere Flexibilität und Geschwindigkeit (n=21) ab, mit der mittelständische Unternehmen im Vergleich zu Großunternehmen agieren können. Einen positiven Einfluss auf die Geschäftsmodelle mittelständischen Unternehmen haben zudem die höhere Unabhängigkeit (n=4) sowie die langfristige Orientierung des Unternehmens (n=3). Die große Kundennähe (n=2), die soziale Verantwortung (n=2) und die enge Beziehung zu den Mitarbeitern (n=2) üben ebenfalls Einfluss auf das mittelständische Geschäftsmodell aus. Zudem waren 11 sonstige Nennungen zu verzeichnen.

Einige der Befragten identifizieren jedoch auch negative Implikationen der Mittelstandsspezifika für das Geschäftsmodell des Unternehmens.

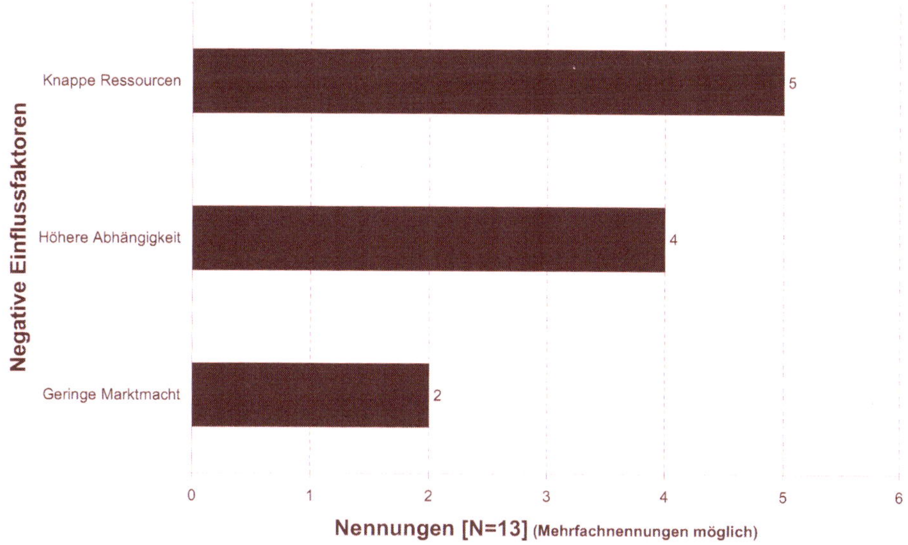

Abbildung 27: Mittelstandsspezifika mit negativer Wirkung

Als negative Einflussfaktoren mittelständischer Unternehmen auf das Geschäftsmodell werden knappe Ressourcen (n=5), eine höhere Abhängigkeit im Vergleich zu Großunternehmen (n=4) sowie eine geringe Marktmacht (n=2) genannt. Unter den Einzelnennungen (n=2) ist unter anderem der vergleichsweise geringe Bekanntheitsgrad mittelständischer Unternehmen subsumiert.

Fallbeispiel

Das Unternehmen

Bei dem befragten Unternehmen handelt es sich um einen Betrieb im Bereich des Lebensmitteleinzelhandels mit einem Standort in Deutschland. Das Sortiment umfasst Frischwaren, Backwaren, Getränke, Trockenwaren und Kosmetik. Neben den gängigen Produkten der Großhändler werden bewusst viele regionale Produkte bezogen und verkauft. Das Unternehmen ist Premiumanbieter und im Mittelpunkt der Verkaufsstrategie steht der Ansatz, dem Kunden ein persönliches und emotionales Einkaufserlebnis zu bieten.

Einfluss der Mittelstandsspezifika aus Sicht der Geschäftsführerin

„Unser Geschäftsmodell wird stark durch Mittelstandsspezifika beeinflusst. Als vorteilhaft sehe ich unsere geringe Unternehmensgröße an, die eine große Kundennähe zulässt und eine Mentalität der „offenen Türen“ schafft. Unser Unternehmen wird seit 25 Jahren nach den Grundsätzen mit einer eigenen Lebensphilosophie geführt, authentisch und fair. Diese Langfristigkeit schafft Vertrauen bei allen Interessengruppen.“

Dem gegenüber sind aber auch einige negative Einflüsse von Mittelstandsspezifika auf das Geschäftsmodell zu konstatieren. Inhabergeführte Unternehmen weisen oftmals eine relativ große Abhängigkeit vom Geschäftsführer auf, da nur dieser einen Überblick über alle wichtigen Aufgaben und Prozesse hat. Gleichzeitig ist aber auch der Geschäftsführer abhängig von seinem Personal, da die Personalkapazitäten im Mittelstand bereits aus Kostengründen stark begrenzt sind. Ferner sind auch die Räumlichkeiten stark begrenzt, was sowohl bei der Sortimentsgestaltung als auch bei der Lagerung ein begrenzender Faktor ist.
Letztendlich kann somit festgehalten werden, dass die Untersuchung erste Hinweise auf eine Abhängigkeit des Geschäftsmodells von unternehmenstypspezifischen Ausprägungen zeigt. Die Spezifika mittelständischer Unternehmen scheinen in diesem Kontext das Geschäftsmodell der Unternehmen überwiegend positiv zu beeinflussen. Abschließend bleibt jedoch festzuhalten, dass aber auch die Bedeutung der, wenn vielleicht auch nur subjektiv wahrgenommenen Ressourcenknappheit, im Mittelstand nicht unterschätzt werden darf.

4.2 Mittelstandsspezifische Ausprägung von Geschäftsmodellen

Im letzten Abschnitt dieses Kapitels soll gezeigt werden, auf welche Elemente von Geschäftsmodellen sich die Mittelstandsspezifika in besonderer Weise auswirken.

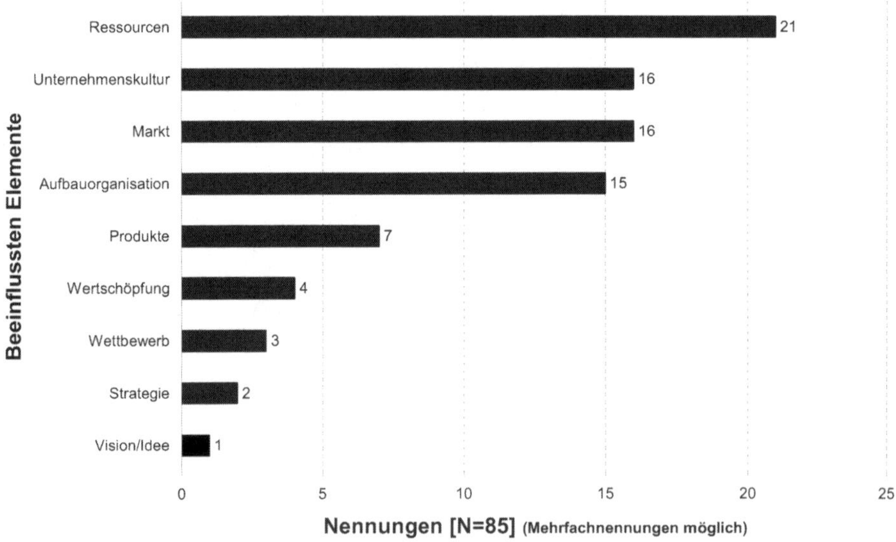

Abbildung 28: Mittelständisch beeinflusste Geschäftsmodellelemente

Nach Meinung der Befragten haben die Spezifika mittelständischer Unternehmen den größten Einfluss auf das Element Ressourcen (n=21) von Geschäftsmodellen.

Dies ist vermutlich auf die für den Mittelstand typische Knappheit personeller und finanzieller Ressourcen zurückzuführen. Auch die Unternehmenskultur (n=16), die im Mittelstand durch eine starke Personenbezogenheit der Führung und eine hohe Identifikation der Arbeitnehmer mit dem Unternehmen geprägt ist, wird als Baustein von Geschäftsmodellen durch die genannten Mittelstandsspezifika beeinflusst. Darüber hinaus sind der Markt (n=16) und die Aufbauorganisation (n=15) aus Perspektive der Interviewpartner häufig durch Charakteristika mittelständischer Unternehmen beeinflusste Elemente von Geschäftsmodellen. Die Spezifika, auf die sich die Befragten bei der Antwort stützen, sind vor allem die Bearbeitung von Marktnischen sowie die flachen Hierarchien und der geringe Formalisierungsgrad mittelständischer Unternehmen. Weitere, durch Mittelstandsspezifika beeinflusste Elemente von Geschäftsmodellen sind die Produkte (n=7), die Wertschöpfung (n=4), der Wettbewerb (n=3), die Strategie (n=3) sowie die Vision/Idee (n=1) des Unternehmens.

5 Ausprägung individueller Geschäftsmodelle

5.1 Unternehmensspezifische Geschäftsmodelle

Das hier verwendete Geschäftsmodellverständnis umfasst – wie bereits erläutert – als wesentliche Elemente eines Geschäftsmodells die Produkt-Marktkombination, die Wertschöpfungskonfiguration, die verfolgte Ertragsmechanik, die Wettbewerbsorientierung, die Ressourcenstruktur sowie als zentrales Element die Organisation, Kultur sowie Führung eines Unternehmens.
In einer freien Beschreibung des eigenen Geschäftsmodells haben sich die befragten Interviewpartner hauptsächlich auf die Erläuterung der eigenen Produkte und Dienstleistungen (n=24) sowie auf die verfolgte Wertschöpfungslogik (n=18) fokussiert. Wettbewerb und Kundenbeschaffenheit wurden jeweils achtmal erwähnt. Auf die Ressource Personal sowie die Ausgestaltung von Führung, Philosophie und Unternehmenskultur entfielen jeweils sieben Nennungen. Allerdings wurde lediglich dreimal die Eigentumsstruktur als relevantes Geschäftsmodellelement genannt.

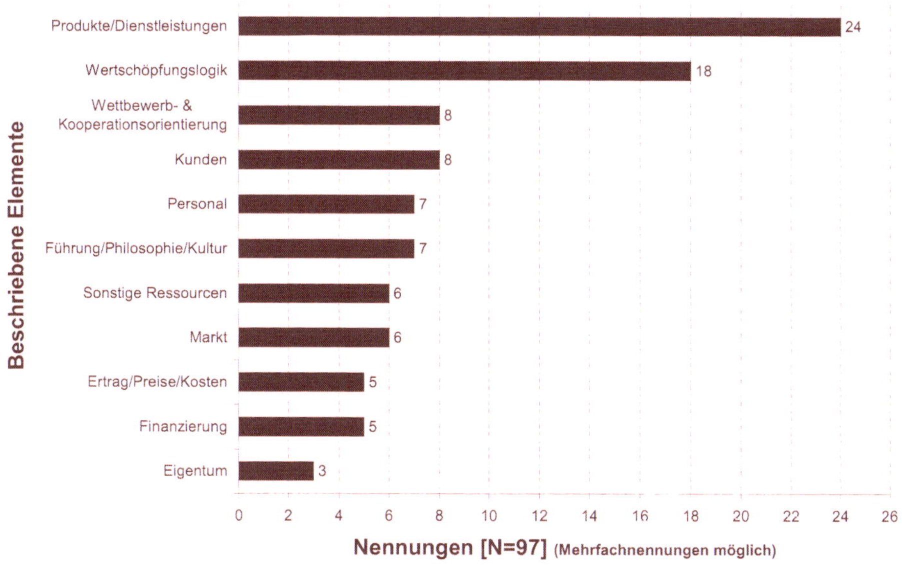

Abbildung 29: Beschriebene Elemente des eigenen Geschäftsmodells

Insgesamt hielten sich 23 der befragten Unternehmen in ihrer freien Beschreibung **sehr knapp**, wohingegen 15 Unternehmen ihre Ausführungen sehr detailreich vortrugen. Sechs Unternehmen erläuterten dabei mehr als vier unterschiedliche Elemente ihres eigenen Geschäftsmodells. Neun der Befragten gaben immerhin noch über mehr als zwei verschiedene Elemente Auskunft, während 23 Unternehmen höchstens zwei Geschäftsmodellelemente beschrieben.

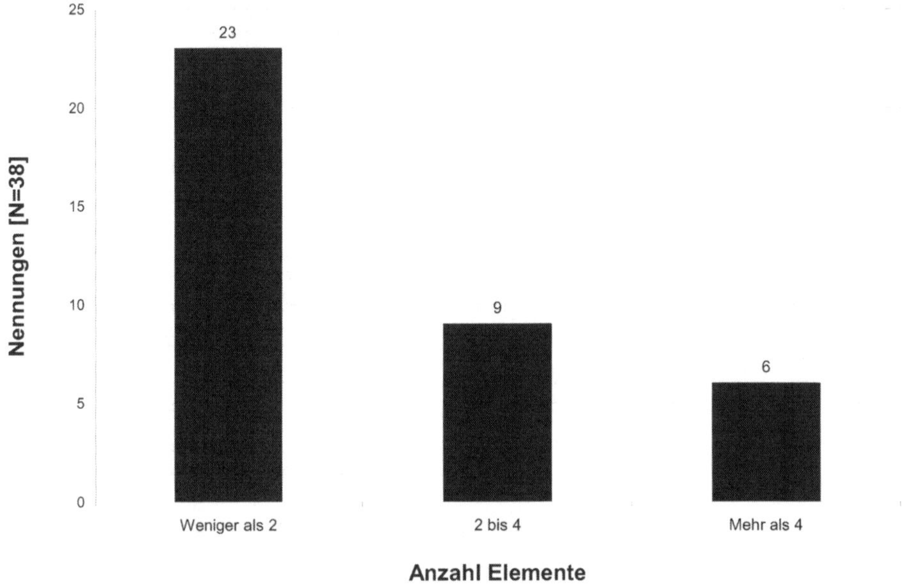

Abbildung 30: Anzahl der beschriebenen Geschäftsmodellelemente

Das eigene Geschäftsmodell charakterisierend, verwiesen 18 Nennungen auf vornehmlich kundenorientierte Eigenschaften. So umschrieb ein Interviewter die Quintessenz seines Geschäftsmodells mit „*Wir machen Kunden glücklich.*" Ein anderer Teilnehmer bezeichnete „*stetigen Kundenkontakt und eine dadurch entstehende Kundennähe [...]*" als „*[...] Grundstein für den Erfolg des Unternehmens.*" Darüber hinaus beschrieben 12 befragte Unternehmen ihr eigenes Geschäftsmodell als qualitäts- und neun als technologie- und innovationsorientiert. Die Ergebnisorientierung wurde nur in vier Fällen als charakteristisch für das eigene Geschäftsmodell hervorgehoben.

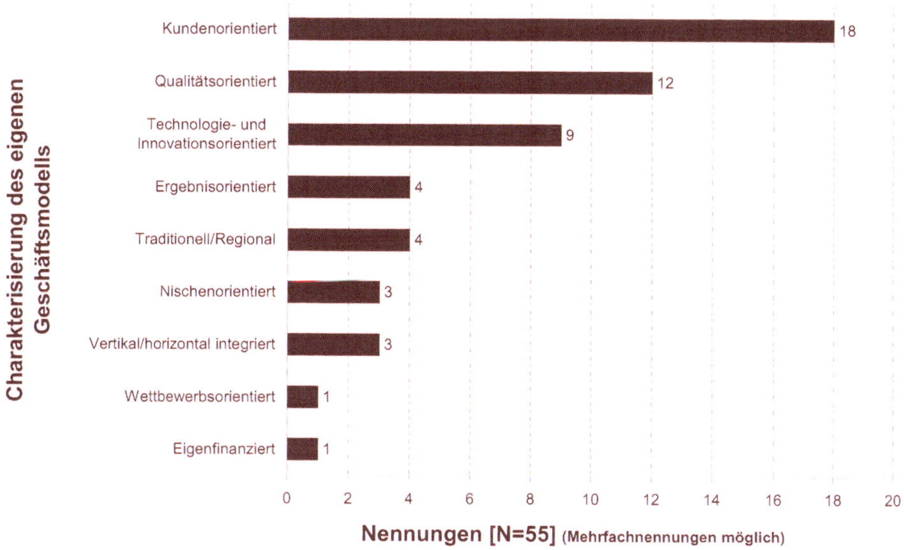

Abbildung 31: Charakterisierung des eigenen Geschäftsmodells

15 der befragten Teilnehmer beschrieben die Zufriedenheit der eigenen Kunden und deren Bindung zum Unternehmen als zentrale Erfolgsfaktoren des eigenen Geschäftsmodells. Zehnmal wurde in diesem Zusammenhang auch die Relevanz der Produktqualität sowie der Produktinnovationen betont. Die Unternehmensvision eines Interviewten spiegelt diesen Zusammenhang passen wider: „*Erste Wahl für qualitativ hochwertige Antriebslösungen durch Innovation, Perfektion und vertrauensvolle Partnerschaften.*" Zudem sahen die befragten Teilnehmer die Mitarbeiterqualität (n=6), die Finanzierung sowie den Preis der angebotenen Leistung (n=5) und die Risikominimierung (n=3) als wichtige Erfolgsfaktoren des eigenen Geschäftsmodells.

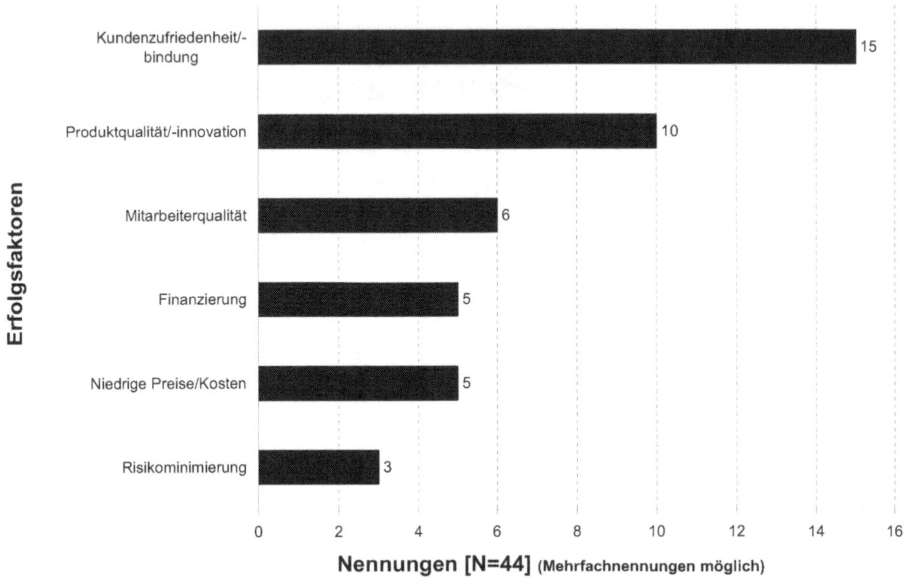

Abbildung 32: Erfolgsfaktoren des eigenen Geschäftsmodells

Bei der Beschreibung des eigenen Geschäftsmodells, fokussieren sich die meisten der befragten Unternehmen auf die Beschreibung des eigenen Leistungsangebots sowie auf die Erläuterung der Wertschöpfungskonfiguration.

Das eigene Geschäftsmodell wird dabei hauptsächlich als kunden- sowie produkt- und qualitätsorientiert betrachtet. Nur wenige erwähnen als zentrale Orientierungsgröße den eigentlichen Geschäftserfolg. Im Einklang mit diesen Aussagen gilt auch die Kundenzufriedenheit als zentraler Baustein für den Erfolg des eigenen Geschäftsmodells. Vor dem Hintergrund der Diskussion zentraler *„Werte"* mittelständischer Unternehmen (vgl. zur Diskussion des mittelständischen Wertbegriffs *Becker/Staffel/Ulrich* (2008), S. 265), kann folglich eine Tendenz hinsichtlich des sogenannten *„Customer Values"* beobachtet werden. Der Wert des Customer Values basiert auf der subjektiven Wahrnehmung des Kundennutzens und auf der Überlegung, dass sich die Anstrengungen des Unternehmens von der Angebots- zur Nachfrageseite hin verschieben (vgl. *Becker/Staffel/Ulrich* (2009), S. 265). Eine ebenfalls hohe Relevanz im Zusammenhang der subjektiv wahrgenommenen Erfolgsfaktoren mittelständischer Geschäftsmodelle haben die Produktqualität sowie -innovation. Allerdings ist auch hier der Kunde oftmals zentraler Ausgangspunkt bei der Bestimmung der eigenen Innovations- und Qualitätsanstrengungen. „*Wichtig ist, die entsprechenden Kunden zu kennen und deren Bedarfe zu antizipieren.*" Dieser Ausspruch eines Befragten beschreibt dabei exemplarisch, was für den Großteil der interviewten Unternehmen gilt. Ein Proband bezeichnet ein „*innovationsbetriebenes*

Konzept" gar als „*überlebensnotwendig für den Mittelstand.*" Bezogen auf die Finanzierung als auch die Kostenseite gelten diese Elemente zwar vereinzelt als zentrale Erfolgsfaktoren, haben aber bei Weitem keine ausschlaggebende Bedeutung für das eigene Geschäftsmodell.

5.2 Produkt-Markt-Kombinationen

Unternehmen sehen sich schnell ändernden Marktbedingungen gegenüber und müssen sich deshalb ständig die Frage stellen, in welchen Geschäftsfeldern, die als spezifische Produkt-Markt-Kombinationen zu verstehen sind, sie tätig sein sollen. In diesem Kontext steht vor allem die Beantwortung der Fragen zur Markfeldstrategie, zur Marktabdeckungsstrategie und zur Marktarealstrategie im Vordergrund. Bei der Marktfeldstrategie geht es darum mit welcher Produkt-Markt-Kombination die Ziele realisiert werden sollen. Die Frage nach Ausmaß und Differenziertheit der Marktbearbeitung wird innerhalb der Markabdeckungsstrategie geklärt. Die Marktarealstrategie untersucht die regionale Reichweite der Markterschließung (vgl. *Diller/Fürst/Ivens* (2011), S. 240 sowie *Corsten* (1998), S. 8).
Verfügt ein Unternehmen über mehrere Geschäftsfelder beziehungsweise Geschäftseinheiten ergibt sich nach *Corsten* (1998, S. 8f.) ein Portfolio spezifischer Produkt-Markt-Kombinationen. Jede strategische Geschäftseinheit muss jedoch die Merkmale Spezifität (unabhängige und klar abgegrenzte Produkt-Markt-Kombination) sowie Wettbewerbsvorteil (es müssen sich damit Wettbewerbsvorteile erzielen lassen) erfüllen. Dadurch wird gewährleistet, dass jede, im Portfolio enthaltene, strategische Geschäftseinheit zur Verbesserung der Wettbewerbsposition und somit zur Sicherung des langfristigen Unternehmenserfolgs innerhalb des Unternehmens beiträgt (vgl. *Corsten* (1998), S. 8f.).
Eine oft verwendete Abgrenzung von Märkten ist die Unterscheidung zwischen räumlicher, zeitlicher und sachlicher Abgrenzung (vgl. *Meffert* (2000), S. 37). Grundsätzlich existiert jedoch keine eindeutige Theorie zur Marktabgrenzung. (vgl. *Rößl* (1986), S. 251). Dabei werden Absatzmärkte nach *Meffert* ((2000), S. 36) als die Menge der aktuellen und potentiellen Abnehmer bestimmter Leistungen definiert. Dazu zählen auch die aktuellen und potentiellen Mitanbieter dieser Leistungen sowie deren Beziehung zueinander.
In der Befragung zeigte sich, dass 76 Prozent aller befragten Unternehmen mehr als einen Absatzmarkt bearbeiten. Nur 24 Prozent der Unternehmen gaben an nur auf einem Markt aktiv zu sein. Von den Teilnehmern gaben weiterhin 16 Unternehmen an, dass sie ihren Markt an Hand der geografischen Lage abgrenzen. So erklärt ein Befragter, dass „*innerhalb der Unternehmung die Märkte regional abgegrenzt werden. Dies hinge mit den kürzeren Kommunikationswegen zu den Kunden zusammen,*

da es bei dem Geschäftsmodell zu vielen Veränderungen komme und kurze Wege zum Kunden die Kommunikation vereinfachen."
An zweiter Stelle folgte die Abgrenzung hinsichtlich der Produkte, die das Unternehmen anbietet. An dritter Stelle folgte mit acht Nennungen die durch die Branche vorgegebene Marktabgrenzung. Als weitere Kriterien wurden Kunden, Marktgröße und Know-how sowie zwei sonstige Aspekte genannt. Nur zwei der 40 befragten Unternehmen gaben an, dass sie keinerlei Marktabgrenzung vorzunehmen.

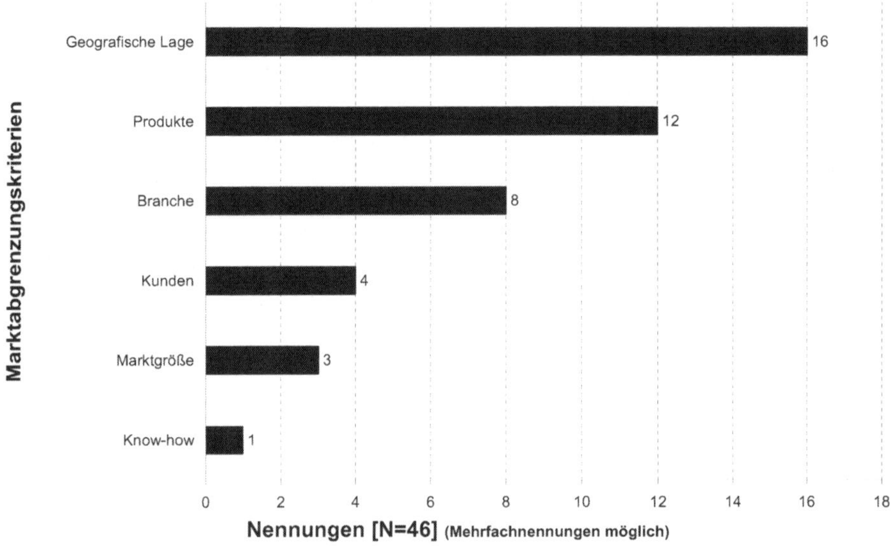

Abbildung 33: Kriterien zur Marktabgrenzung

Dieses Ergebnis zeigt, dass mittelständische Unternehmen ihre Märkte vor allem an Hand von geografischen Aspekten abgrenzen. Dies hängt eng mit der Wechselwirkung der Marktkräfte durch Regionalisierung und Globalisierung einerseits und der begrenzten Ressourcenausstattung andererseits zusammen. (vgl. *Ulrich* (2011), S. 29 und *Becker/Staffel/Ulrich* (2010), S. 6f.). Hier führten die Befragten beispielsweise die Standortentfernung und Wirtschaftlichkeitsaspekte an.
Die langfristige Existenzsicherung der Unternehmen wird durch die unternehmerische Wertschöpfung, die vor dem Hintergrund von Märkten stattfindet, aufrechterhalten (Vgl. *Becker* (2009) S. 33). Hierfür ist neben einem Mindestmaß an Marktwachstum auch die Rentabilität entscheidend (vgl. *Becker* (2009) S. 28). Bei einer unterstellten marktinduzierten Wertschöpfung sind laut *Porter* ((1999), S. 32) die Attraktivität des Marktes sowie die relative Stellung einer Unternehmung in diesem Markt die relevanten Einflussgrößen auf die unternehmerische Wertschöpfung. Diese beiden Faktoren beeinflussen daher maßgeblich die Entscheidung, ob ein Markt bearbeitet werden soll oder nicht.

Die Studie zeigt, dass 85 Prozent der befragten Unternehmen [N=39] über Kriterien zur Marktbearbeitung verfügen. Mit jeweils zehn Nennungen wurden das Vorhandensein von Know-how für den angestrebten Markt sowie die ausreichende Kundennachfrage (n=10) im Markt selbst angeführt. Mit sieben Nennungen ist auch der Aspekt der Wirtschaftlichkeit für die Unternehmen bei der Marktbearbeitung als bedeutsam einzustufen. Standortentfernung und Ressourcenverfügbarkeit wurden jeweils von fünf der Befragten als Kriterien genannt. Zwei Unternehmen nannten als Kriterium die Möglichkeit eines Marktzugangs.

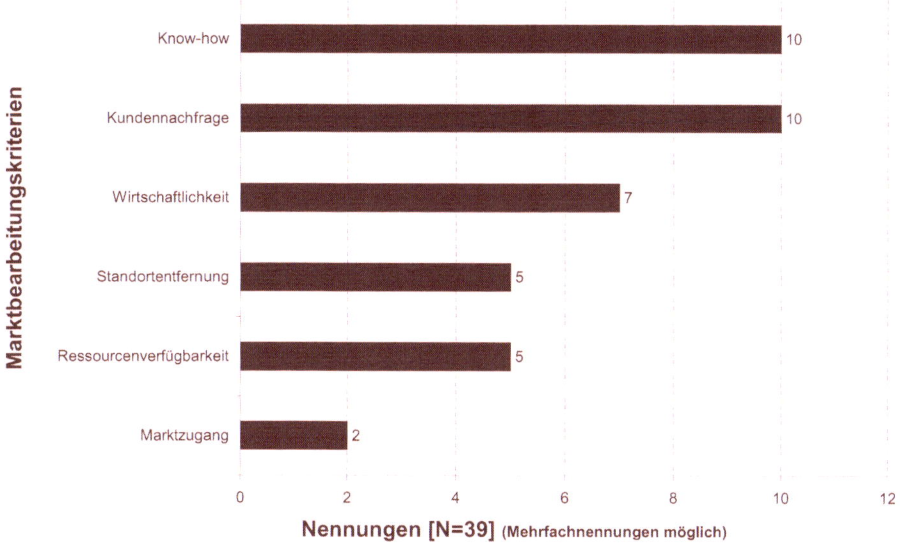

Abbildung 34: Kriterien zur Marktbearbeitung

Es lässt sich erkennen, dass einerseits nahezu alle Unternehmen über Marktbearbeitungskriterien verfügen und anderseits die Abweichung zwischen den aufgezeigten Nennungen sehr klein ist. Dies zeigt, dass der Mittelstand die Entscheidung, ob ein Markt bearbeitet werden soll oder nicht, ausführlich und unter der Berücksichtigung mehrerer Faktoren trifft. Ein Interviewter führte an, dass *„zuerst überprüft werde, ob das Know-how vorhanden ist und ob eine Produktion möglich ist. Darüber hinaus bestehen auch immer die Überlegungen: Was passt zu uns? Was können wir? Wo kommt man her und was können wir weiterentwickeln?"*

Das Leistungsprogramm eines Unternehmens beinhaltet Produkte, die als Austauschgegenstand beim Kunden eine gewisse Funktion erfüllen sollen, sodass für den Kunden ein Nutzen entsteht (vgl. *Kleinaltenkamp/Jacob/Söllner* (2006), S. 6).

Die Frage, mit welchen Kriterien Unternehmen ihr Leistungsangebot abgrenzen, zeigt, dass 15 Unternehmen ihr Leistungsangebot nach produktspezifischen Merkmalen abgrenzen.

Eine Abgrenzung nach kundenspezifischen und auftragsspezifischen Merkmalen sowie an Hand von branchenspezifischen Merkmalen wurde jeweils von sieben Unternehmern als Kriterium genannt.

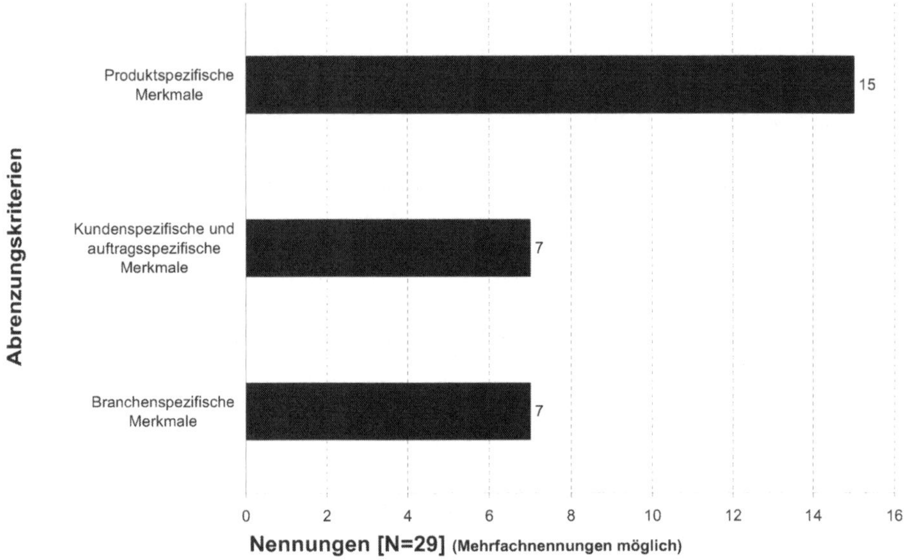

Abbildung 35: Kriterien zur Abgrenzung des Leistungsangebots

Das Leistungsprogramm eines Unternehmens enthält neben den eigentlichen Leistungen, wie bspw. dem physischen Produkt im Konsumgüterbereich, auch Zusatz- bzw. Serviceleistungen, um den Kunden eine umfassende Komplettlösung anbieten zu können. (vgl. *Bruhn* (2010), S. 124).

Das Ergebnis der Interviews zeigt, dass vor allem die Erbringung von vor- und nachgelagerten Leistungen (n=8) in Bezug auf das komplementäre Leistungsangebot der mittelständischen Unternehmen eine wichtige Rolle einnimmt. Viermal wurden von den Befragten explizit Schulungen (n=4) sowie eine intensive Kundenbetreuung (n=4) als ergänzende Leistung angeführt. Die Instandhaltung wurde lediglich von zwei Unternehmen genannt. Hierzu erklärte ein Befragter: *„Dem Kunden wird nicht nur irgendein Produkt, sondern die Lösung für ein spezielles Problem angeboten. Dementsprechend handelt es sich um individuelle Produkte, die an den Bedürfnissen des Kunden und den Erfordernissen des Problems ausgerichtet ist. Man kann in diesen Sinne von einem Gesamtangebot sprechen."*

Als Ergebnis kann festgestellt werden, dass mittelständische Unternehmen ihren Kunden mehr als nur die eigentliche Leistung anbieten. Viele Gesprächspartner erklärten, dass die langfristige Bindung des Kunden durch zusätzliche Leistungen einen hohen Erfolgsbeitrag leistet.

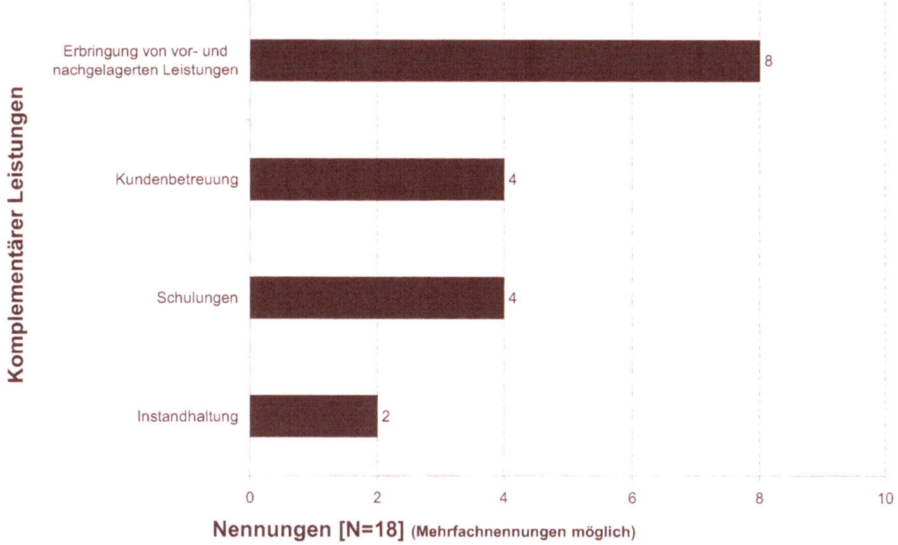

Abbildung 36: Ausprägung komplementärer Leistungen

Unternehmen, die in einem weitläufigen Markt wirken, können nicht alle Kunden gleichermaßen bedienen. Dies liegt daran, dass Kunden unterschiedliche Anforderungen aufweisen und Konkurrenten bestimmte Marktsegmente als Spezialisten besser bedienen können. Zur Verbesserung der Marktchancen unterteilen deshalb viele Unternehmen ihren Markt in für sie interessante und weniger interessante Kundengruppen (vgl. *Kotler/Bliemel* (1999), S. 425).
Auch das Ergebnis der Studie zeigt, dass 74 Prozent der auf diese Frage antwortenden Unternehmen [N=35] ihre Kundengruppen explizit voneinander abgrenzen. Von den Unternehmen, die ihre Kundengruppen abgrenzen, erläutern dies 23 im Detail. Sieben führen an, dass sie anhand von Kundenspezifika vorgehen und weitere sieben nannten die Größe und die Zahlkraft des Unternehmens als Kriterium für eine Abgrenzung. Mit jeweils drei Antworten folgten die Abgrenzung nach Leistungsart, Markteigenschaften und der Art der Auftragsvergabe.

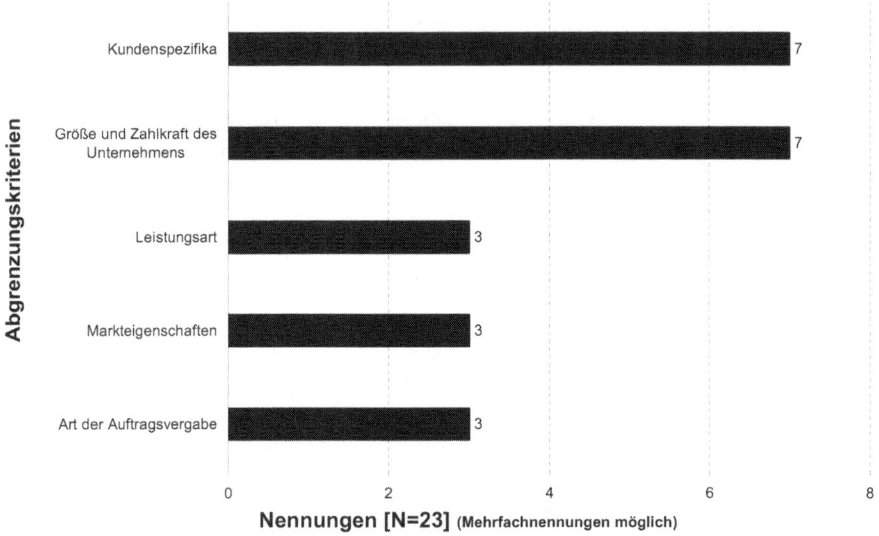

Abbildung 37: Abgrenzungskriterien für Kundengruppen

Verkaufen Unternehmen ihre Güter nicht an Endkunden (Business-to-Consumer bzw. B2C), sondern an andere Unternehmen, wird von einer Business-to-Business-Beziehung (B2B) gesprochen. Charakteristisch für B2B-Beziehungen ist die geringere Anzahl an Kunden mit wesentlich höheren Absatzvolumina pro Kunde (vgl. *Kotler et. al.* (2011), S. 322f.). In vorliegender Stichprobe (N=37) war die Geschäftsbeziehung „B2B" (Beziehung zwischen mindestens zwei Unternehmen) mit 23 Nennungen am häufigsten vertreten und repräsentiert somit nahezu zwei Drittel der Stichprobe.

Acht Unternehmen gaben an, neben B2B-Beziehungen auch direkt an den Endkunden zu verkaufen. Eine ausschließliche Beziehung zum öffentlichen Sektor wies keines der Unternehmen auf. Jeweils ein Unternehmen gab an Beziehungen zur „öffentlichen Hand" und Endkunden (n=1), beziehungsweise zur öffentlichen Hand und anderen Unternehmen (n=1) aufzuweisen.

Auffällig ist hier die hohe Dominanz der Geschäftsbeziehungen mit anderen Unternehmen. So erklärte ein Unternehmensvertreter, dass *„die Aufträge zu ca. 40 Prozent durch öffentliche Ausschreibungen und zu 40 Prozent aus industriellen sowie gewerblichen Aufträgen stammen. Die restlichen Aufträge stammen von privaten Auftraggebern"*. Der fehlende Kontakt zu den Endverbrauchern führt jedoch dazu, dass die Unternehmen in der Öffentlichkeit nur selten wahrgenommen werden und sie insgesamt über nur einen geringen Bekanntheitsgrad verfügen, obwohl sie in Nischenmärkten teilweise über 50 Prozent Marktanteil aufweisen (vgl. *Simon/Huber* (2006), S. 52). Ein anderer Interviewpartner erklärte dazu, dass *„sich das Unternehmen neben den beiden Hauptproduktgruppen, zusätzlich auch in verschiedenen* *anderen Projekten engagiert, die jedoch nicht zum Umsatz des Unternehmens beitragen, sondern lediglich den Namen in der Bevölkerung und vor allem bei interessanten Zielgruppen bekannt machen".*

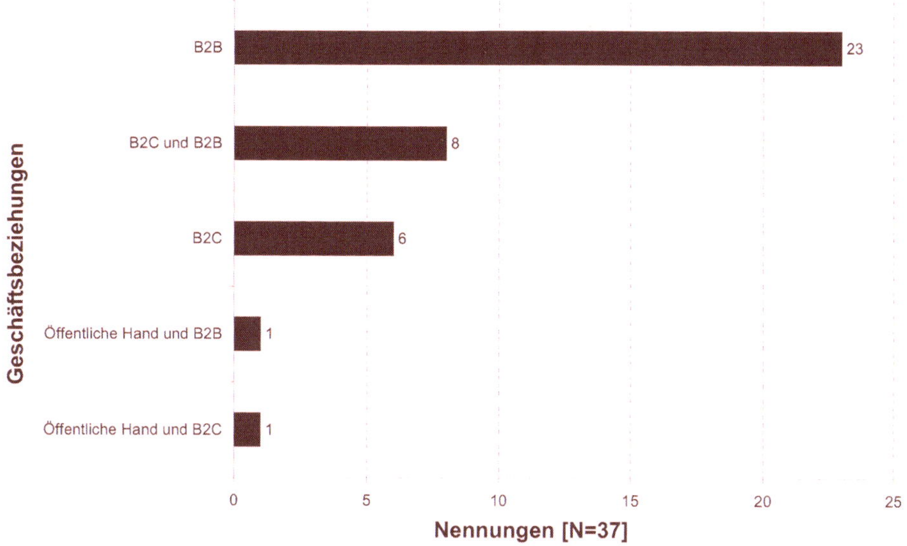

Abbildung 38: Geschäftsbeziehungen der Unternehmen

Eine der wichtigsten Aufgaben der Marktsegmentierung ist die Herausarbeitung der sogenannten Unique Selling Proposition (USP), dem Alleinstellungsmerkmal eines Unternehmens. Sie formuliert den Nutzenvorteil, den Kunden beziehungsweise andere Unternehmen aus der Verbindung mit diesem Unternehmen im Vergleich zu Wettbewerbern erlangen können (vgl. *Maaß* (2008), S. 73). Grundsätzlich können Wettbewerbsvorteile durch eine Kosten- oder durch eine Leistungsführerschaft aufgebaut werden. Auf Grund ihrer begrenzten Ressourcen und der starken Konkurrenzsituation im Bereich der Kostenführerschaft ist für mittelständische Unternehmen oft nur die Strategie der Leistungsführerschaft möglich (vgl. *Schirrmann* (2006), S. 168), wie auch die Ergebnisse der vorliegenden Studie bestätigen. Ein Befragter erklärte hierzu, dass *„das eigene Unternehmen sowohl markt- als auch technologiegetrieben sei, aber die Leistungsführerschaft vorwiegend über eine hohe Qualität, einen guten Service und der Termintreue erreicht werde."*

Hier zeigt die Studie, dass acht Unternehmen ihre besondere Expertise als USP betrachten. Hierfür nannten die Befragten Beispiele, wie die langjährige Erfahrung, hervorragende Qualitätsstandards oder auch die umfangreiche Beratung. Ein Befragter gab an, dass sie versuchen *„den Kunden mit guten Referenzen, persönlichem Kundenkontakt sowie einem sehr gut ausgebildeten Fachpersonal zu überzeugen".* Fünf Unternehmen sahen ihre USP im ganzheitlichen Angebot ihrer Leistung (n=5).

Die Erstellung eines kundenindividuellen Angebotes (n=4) wurde von vier Befragten als ihr USP beschrieben. Hierzu erklärte ein Interviewpartner, dass *„neben der Beratung und dem Verkauf auch eine lebenslange Betreuung des Kunden sehr wichtig ist"*.
Jeweils zwei Unternehmen nannten für ihre USP den Preis, zu dem sie ihr Produkt anbieten beziehungsweise die monopolitische Stellung die sie im Markt innehaben.

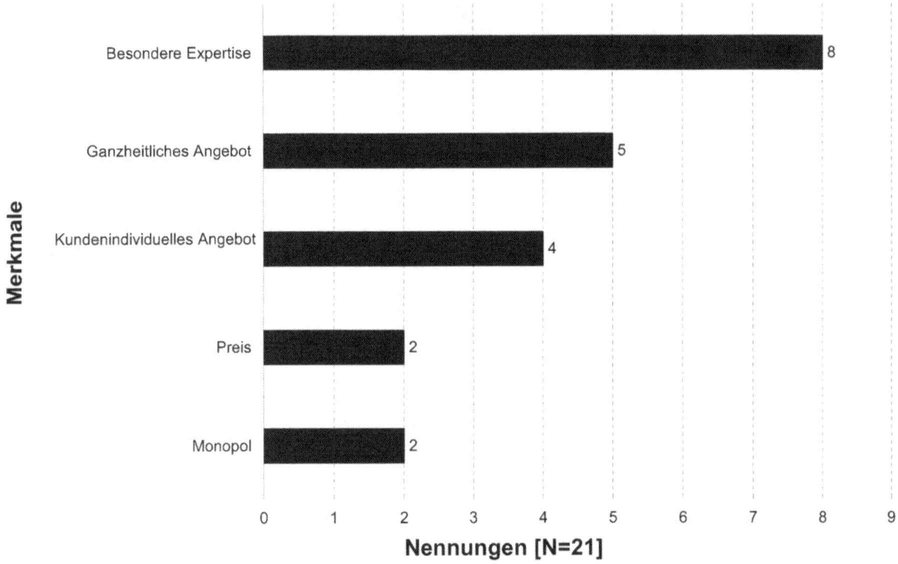

Abbildung 39: USP durch folgende Merkmale

Eine enge Kundenbeziehung wird in der Literatur oft als Wettbewerbsvorteil der mittelständischen Unternehmen betrachtet (vgl. *Albers* (1989), S. 102ff. und *Nicklaus* (1989), S. 126). Auch ein Studienteilnehmer erklärte: *„Gerade durch eine enge Zusammenarbeit mit dem Kunden, die notwendig ist, um dessen Wünsche möglichst genau abzubilden, wird eine sehr hohe Kundenbindung erreicht"*.
Die Untersuchung bestätigt die hohe Bedeutung der Kundenbeziehung zwischen dem Mittelstand und seinen Kunden. 20 Unternehmen gaben an, in einer direkten und engen Beziehung mit den Kunden zu stehen. Über eine indirekte Beziehung verfügen sechs Unternehmen und nur zwei Unternehmen antworteten, dass sie über eine schwache beziehungsweise keine Kundenbeziehung verfügen.

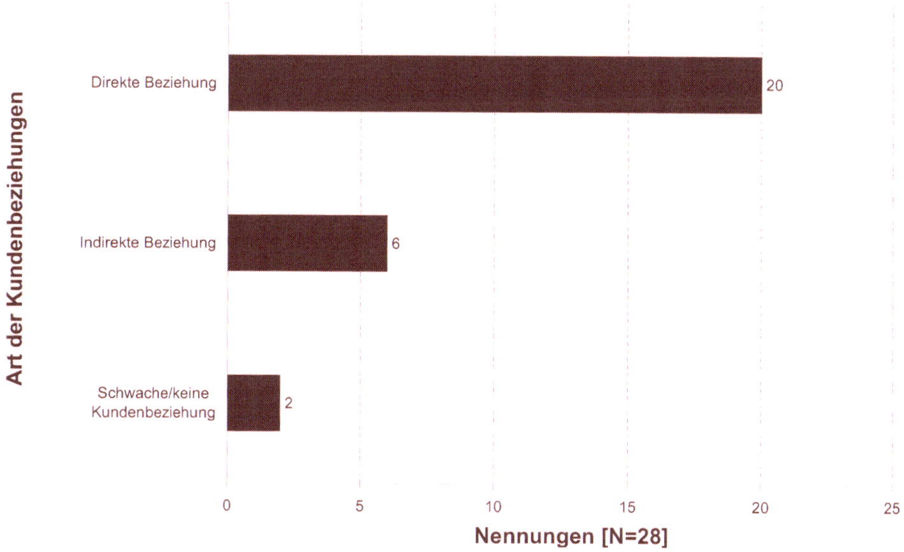

Abbildung 40: Gestaltung der Kundenbeziehungen

Eine enge Kundenbindung wirkt sich auch auf die Gestaltung des Vertriebsystems aus. Ein Vertriebssystem beschreibt die Summe aller Vertriebswege eines Unternehmens und bildet das Fundament für die Vertriebspolitik (vgl. *Homburg/Krohmer* (2009) S. 830). Die Aufgabe des Vertriebs besteht jedoch nicht nur in der Güterdistribution, sondern auch im Knüpfen von Kontakten zu potentiellen Käufern, der individuellen Abstimmung und Anpassung von Angeboten sowie der Verhandlung von Konditionen (vgl. *Kotler et. al.* (2011), S. 1006f.). Diesen Aufgaben wird im Mittelstand eine hohe Bedeutung zugeschrieben, was sich im Ergebnis der Befragung widerspiegelt.

So gaben bei der Frage nach der Gestaltung des Vertriebes 12 Unternehmen an, diesen über eigene Niederlassungen zu organisieren. 11 Gesprächspartner erklärten, dass sie über einen eigenen Außendienst mit Vertretern verfügen, um dadurch eine möglichst hohe Kundennähe zu gewährleisten. Wie zu sehen ist, gaben acht Unternehmen an, dass sie hauptsächlich von anderen Kunden weiterempfohlen werden und deshalb keinen eigenen Vertrieb benötigen. Weitere acht Unternehmen verfügen über einen klassischen Vertriebsweg mit Händlern beziehungsweise Fachhändlern. Es zeigt sich auch, dass sechs Unternehmen ihre Kunden durch das Gewinnen von Ausschreibungen akquirieren.

In der Konsequenz zeigt sich auch, dass der Internetvertrieb mit nur vier Nennungen für den Mittelstand nur eine geringe Bedeutung hat und der Großteil der befragten Unternehmen den Vertrieb überwiegend durch eigene Mitarbeiter und dem persönlichen Kontakt gestaltet und auf eine Nutzung des Internets verzichtet.

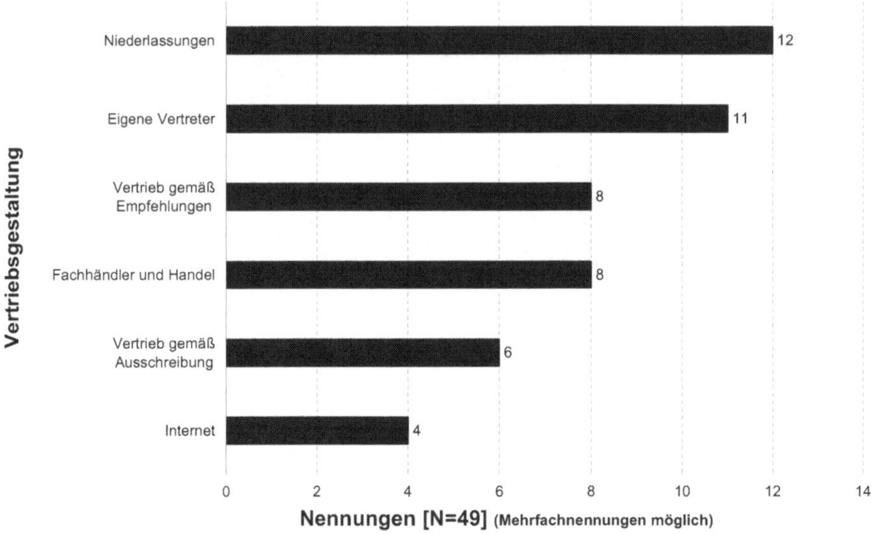

Abbildung 41: Gestaltung des Vertriebs

Abschließend wurden die Unternehmen gefragt, ob Veränderungen in der Produkt-Marktstruktur angedacht seien. Es zeigt sich, dass elf Unternehmen ihre momentane Vertriebsstruktur in der Zukunft verändern möchten. In diesem Zusammenhang wurden in den Interviews zwei Richtungen für die Entwicklung der Vertriebspolitik deutlich: Während einige Unternehmen die Kundenbindung durch einen Ausbau im Vertrieb stärken möchten, tendieren andere zu einer kostensparenden Lösung durch die Vergabe des Vertriebes an externe Dienstleister. Ein Unternehmer erklärt, dass er „*für den Ausbau des persönlichen und kundennahen Vertriebs einen neuen Mitarbeiter einstellen wird, der durch persönliche Beratung jährlich zwei Prozent mehr Ertrag erwirtschaften soll*".

Zehn Unternehmen gaben an, dass sie über eine Erweiterung der Produktpalette mit sogenannten Produktinnovation nachdenken, um damit ihre Märkte weiter erschließen zu können.

Über eine Neugewichtung der einzelnen Produkte innerhalb des Leistungsangebotes, der sogenannten Wertkettenintegration, denken acht Unternehmen nach. Hierzu erklärten die Befragten, dass sie die Abhängigkeit von einzelnen Produkten, auf eine breitere Produktpalette verteilen wollen, um auf Absatzkrisen besser reagieren zu können. Nur vier Unternehmen gaben explizit an, dass sie im Zuge einer Marktinnovation neue Märkte und Zielgruppen erschließen wollen.

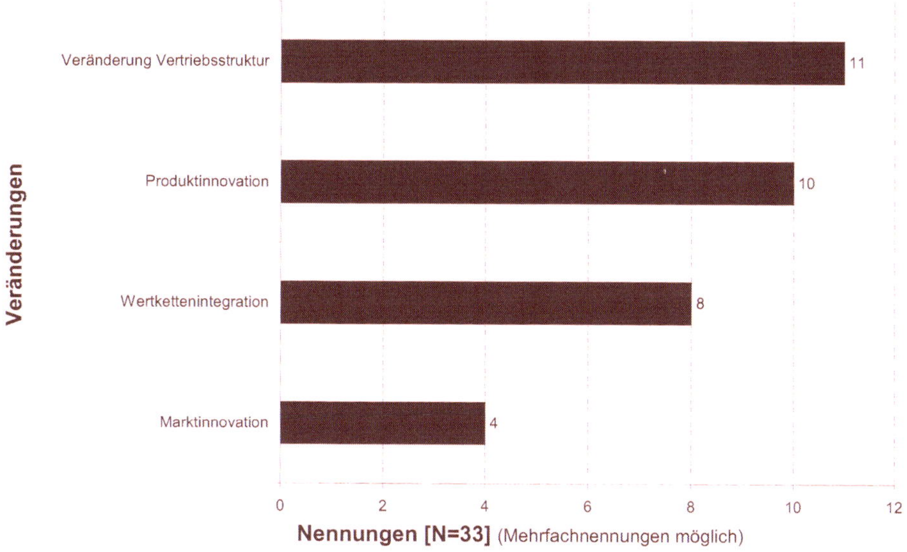

Abbildung 42: Geplante Veränderungen

Fallbeispiel

Das Unternehmen

Das Unternehmen ist in der Maschinenbau-Branche aktiv und hat zwei Standorte in Deutschland und zwölf im Ausland. Es beschäftigt aktuell insgesamt 2000 Mitarbeiter und kommt auf einen Jahresumsatz von ungefähr 160 Mio. Euro.

Die Produkt-Markt-Kombination des Geschäftsmodells aus Sicht des Geschäftsführers

„Unser Unternehmen ist sehr breit aufgestellt und kann mit einem Gemischtwarenladen verglichen werden. Insgesamt sind wir in 50 Branchen mit jeweils 150-200 Anwendungsmöglichkeiten im verfahrenstechnischen Bereich vertreten. Was die regionale Ausbreitung betrifft, so sind wir in fast allen Ländern dieser Welt vertreten. Eine Ausnahme stellt hierbei der afrikanische Kontinent dar, da es sich dabei um einen schwer zugänglichen Markt handelt und wir dementsprechend lediglich in Südafrika aktiv sind.

Die Markteinteilung wird anhand der oben erwähnten Aspekte vorgenommen. Es gibt also die regionalen Märkte Asien (inklusive Japan und Australien), Europa, Ost-Europa, Nordamerika und Südamerika. Daneben wird eine Aufteilung nach den Anwendungsbereichen vorgenommen. Neue Märkte werden von uns kundengetrieben erschlossen. Das heißt, dass in erster Linie die Kunden mit einem Auftrag an uns herantreten."

Insgesamt kann festgestellt werden, dass die Kundenorientierung einerseits und die begrenzten Ressourcen der mittelständischen Unternehmen andererseits die Produkt-Markt-Kombination stark beeinflussen: Die Studie zeigt, dass bei der Auswahl der zu bearbeitenden Märkte umfangreiche Entscheidungen unter Berücksichtigung interner sowie externer Faktoren zu Grunde gelegt werden. Die Unternehmen suchen dabei gezielt Märkte, die sie mit ihren unternehmensinternen Ressourcen, ohne großes Risiko einzugehen, bearbeiten können.

Die hohe Bedeutung der Kundenorientierung zeigt sich vor allem bei der Abgrenzung des Leistungsangebotes und dem umfangreichen Angebot an Zusatzleistungen für die Kunden. Die dadurch entstehende enge Beziehung zu den Kunden, wird durch einen speziell auf Kundenbindung ausgerichteten Vertrieb unterstützt. Die Strategie der Leistungsführerschaft hilft mittelständischen Unternehmen, ein Alleinstellungsmerkmal aufzubauen und sich erfolgreich gegen Großunternehmen durchsetzen zu können.

5.3 Konfiguration und Erreichung von Wertschöpfung

Als Wertschöpfung wird im Allgemeinen der Mehrwert verstanden, *„den ein Betrieb aufgrund seiner betrieblichen Leistungserstellung den Vorleistungen hinzufügt“* (vgl. *Becker* (2000), S. 4). Dabei ist die Wertschöpfung als Erfolgsgröße rechnerisch unterschiedlich konkretisierbar und kennzeichnet grundsätzlich das Ergebnis des Prozesses, welcher zur Schaffung betrieblicher Werte führt (vgl. *Becker* (2010), S. 33). Dieser Wertschöpfungsprozess bildet wiederum als Element eines Geschäftsmodells die Aktivitätsfolge des Unternehmens ab, die zur gesamten betrieblichen Wertschöpfung vom Lieferanten bis zum Kunden durchgeführt wird (vgl. *Meinhardt* (2002), S. 13).

Zur Abbildung des innerbetrieblichen Wertschöpfungsprozesses hat sich in der betrieblichen Praxis und Forschung mittlerweile die von *Porter* (1986, S. 60 ff.) vorgeschlagene Wertkettenanalyse durchgesetzt. Mittels dieses Analyseinstruments können strategisch wichtige Wertschöpfungsaktivitäten, also solche mit hohem Differenzierungs- oder Kostenpotential, abgebildet und in den Gesamtkontext des betrieblichen Wertentstehungsprozesses gesetzt werden. Porter unterscheidet hierbei sogenannte primäre und unterstützende Aktivitäten, wobei mit primären Aktivitäten solche Aktivitäten umschrieben werden, welche direkt an der physischen Produkt- bzw. Leistungserstellung beteiligt sind (z.B. Logistik – Operationen – Marketing/Vertrieb – Service). Unterstützende Aktivitäten wiederum sind solche Prozessstufen, die unterstützend zur Ausübung der primären Aktivitäten notwendig sind (vgl. *Welge/Al-Laham* (2008), S. 363), wie z.B. Beschaffung, Forschung & Entwicklung, Personal oder Unternehmensleitung.

Auf Basis kategorisierter und visualisierter Wertschöpfungsstufen sind Unternehmen in der Lage, zu analysieren, welche Stufen entlang ihres Wertschöpfungsprozesses wie viel des geschaffenen Mehrwerts zu verantworten haben. Neben der damit verbundenen Möglichkeit einer strukturierten Stärken/Schwächen-Analyse (functional competencies) ermöglicht dieses Vorgehen die Konfiguration des Gesamtprozesses der Wertentstehung, insbesondere hinsichtlich der Frage wie viele Stufen integrativ selbst im Unternehmen durchgeführt werden sollen (vertikaler Integrationsgrad) bzw. ob etwaige Stufen an Drittanbieter ausgelagert werden können (outsourcing). Der vertikale Integrationsgrad gibt in diesem Zusammenhang den „Anteil eines Unternehmens an der gesamten Wertschöpfung eines Produktes“ an (*Meinhardt* (2002), S. 16).

Gefragt nach der Entstehung der eigenen Wertschöpfungslogik gaben dabei neun Probanden an, dass diese historisch gewachsen und somit kaum einer direkten Steuerung unterlegen sind. Im Gegensatz dazu stehen sieben Nennungen, die auf eine bewusste, hinsichtlich Markt- bzw. Kundenbedingungen konfigurierte Wertschöpfungskette verweisen. In drei Fällen sind sowohl die Historie als auch Kundenanforderungen ausschlaggebend für die eigene Wertschöpfungslogik.

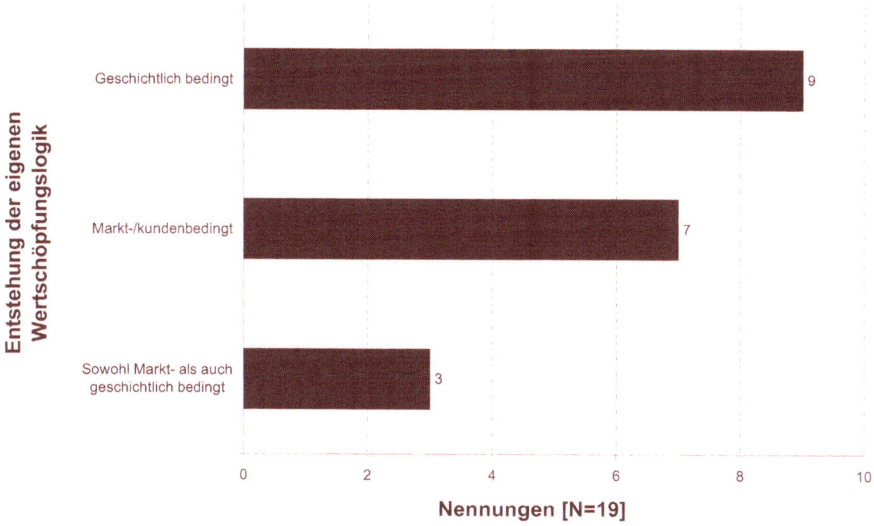

Abbildung 43: Entstehungsbedingungen der Wertschöpfungslogik

Im Zusammenhang mit der Geschäftsmodellierung gliedert z.B. *Meinhardt* die vertikale Konfiguration der Wertschöpfungskette idealtypisch in die Bereiche Einkauf, Forschung und Entwicklung, Produktion und Fertigung, Marketing und Vertrieb sowie Service (vgl. hierzu etwa *Meinhardt* (2002), S.15). Je mehr dieser Stufen in einem Unternehmen vollzogen werden, desto höher ist, wie bereits erwähnt, dessen vertikale Integration. 18 der befragten Unternehmen gaben an, einen hohen Grad an vertikaler Integration zu besitzen. Im Gegensatz dazu sind nur sechs Unternehmen gering vertikal integriert.

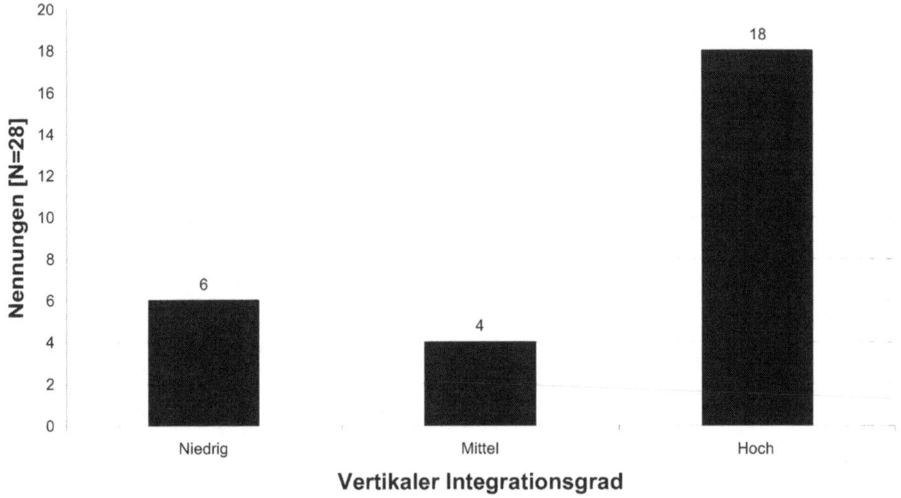

Abbildung 44: Vertikaler Integrationsgrad

In Übereinstimmung mit der überwiegenden Mehrheit hoch vertikal integrierter Unternehmen lässt sich auch der Großteil der befragten Unternehmen in die Konfigurationskategorie der sogenannten Integrator (n=14) subsumieren. Von einem Integrator wird dann gesprochen, wenn der Großteil der Wertschöpfungsaktivitäten in Eigenregie durchgeführt wird, also wenn ein hoher vertikaler Integrationsgrad vorherrscht (vgl. *Umbeck* (2006), S.67; vgl. *Meinhardt* (2002), S.17). Elf der befragten Unternehmen sehen sich selbst als sogenannte Layer-Player, während sich ein Unternehmen als Orchestrator versteht. Als Layer-Player werden spezialisierte Unternehmen verstanden, die sich auf eine Stufe innerhalb der Wertschöpfungskette konzentrieren. Als Orchestrator werden wiederum solche Unternehmen verstanden, die sich in ihrer Leistung auf die Koordination der Leistungserbringung verschiedener anderer Unternehmen verstehen und diese einheitlich zu einer Wertkette zusammenführen (vgl. *Umbeck* (2006), S.67; vgl. *Meinhardt* (2002), S.17).

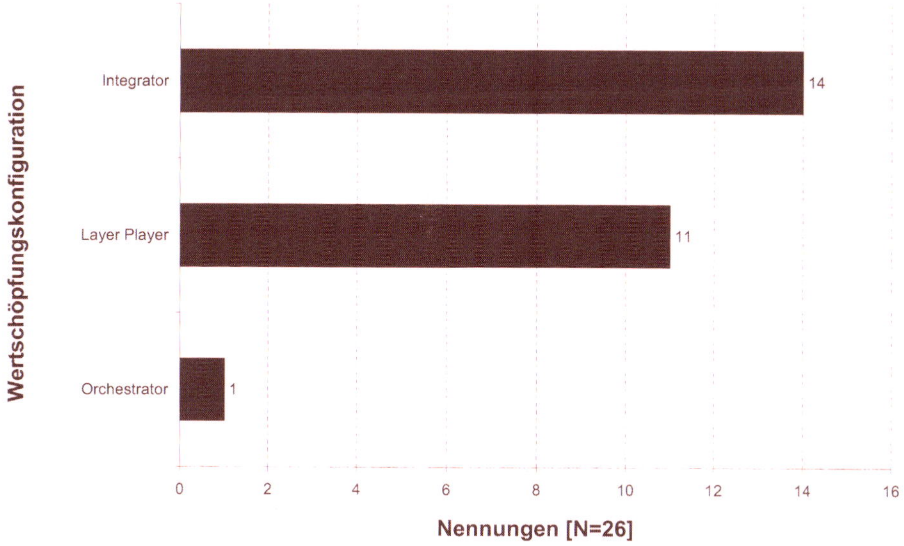

Abbildung 45: Wertschöpfungskonfigurationen

Schwerpunkte in der eigenen Wertschöpfungslogik werden vor allem in der Produktion (n=6) sowie in der Entwicklung gesehen (n=4). Den Fokus auf die Produktion begründet ein Befragter damit, dass *„hier der Hauptteil der Kosten entsteht und demnach die größten Kostenoptimierungspotentiale erkannt werden können.“* Geringere Bedeutung haben Marketing (n=2) sowie Vertrieb und Service (jeweils eine Nennung). Insgesamt halten 62 Prozent der befragten Unternehmen ihre bisherige Ausgestaltung der Wertschöpfungskette für optimal.

Als größtes Problem einer hohen vertikalen Wertschöpfungskonfiguration sehen zehn Unternehmen die daraus resultierende Kundenabhängigkeit. *„Heute fühlt man sich fast wie ein Sklave“*, beschreibt ein Befragter die Situation relativ drastisch. Sieben Unternehmen beklagen ferner die damit verbundene eingeschränkte Handlungsfähigkeit sowie fünf Unternehmen die verbundenen Kosten. So moniert ein Befragter, dass *„im Falle eines Bedarfseinbruchs [...] die Auslastung [...] nicht mehr optimal [wäre], was finanzielle Verluste mit sich bringen würde.[...] Würde man die Leistungen [...] fremd beziehen, hätte man schneller die Möglichkeit Kapazitäten anzupassen.“* Ein Anderer konstatiert, dass durch die hohe vertikale Integration „[...] *das Unternehmen das gesamte Fixkostenrisiko*“ trägt.

Die Unvereinbarkeit gestiegener Spezialisierungserfordernisse mit einer gleichzeitigen globalen Abdeckung der Wertschöpfungsaktivitäten sehen drei Unternehmen als Herausforderung einer hohen Integration. So konstatiert ein Befragter, dass die *„Komplexität [...] immer weiter steigt und gewisse Leistungen einen hohen Speziali-*

sierungsgrad erfordern [...]" und deswegen „*[...] werden bei uns mittlerweile viele Arbeiten an Nachunternehmer vergeben.*" Ähnlich der Kundenabhängigkeit führen drei Unternehmen die Abhängigkeit von Lieferanten auf die eigene Wertschöpfungskonfiguration zurück. Darüber hinaus beklagen zwei der befragten Unternehmen, dass mit mehr übernommenen Aufgaben die Wahrscheinlichkeit Fehler zu begehen steigt, für die man schlussendlich haftbar gemacht werden kann. Mit jeweils einer Nennung werden die hohe Partnerabhängigkeit, eine schwierige Gesetzeslage sowie die Koordinationskomplexität als Probleme einer hohen Integration aufgeführt.

Vorteile einer hohen Integration sehen die befragten Unternehmen wiederum in der eigenen Kontrollierbarkeit der Wertkette (n=3), im Erhalt des eigenen Know-hows (n=2), dem Potential zur Erschließung neuer Geschäftsfelder (n=2) sowie in der Kostenkontrolle (n=1). So sieht ein Befragter den Vorteil einer hohen vertikalen Integration darin, „*dass unsere Wertschöpfungsstruktur [es] ermöglicht, dass vieles selbst beeinflusst werden kann.*" Ebenfalls wird von anderer Seite „*die Wertschöpfung [...] als optimal gesehen, da das gesamte Know-how im Unternehmen verbleibt.*"

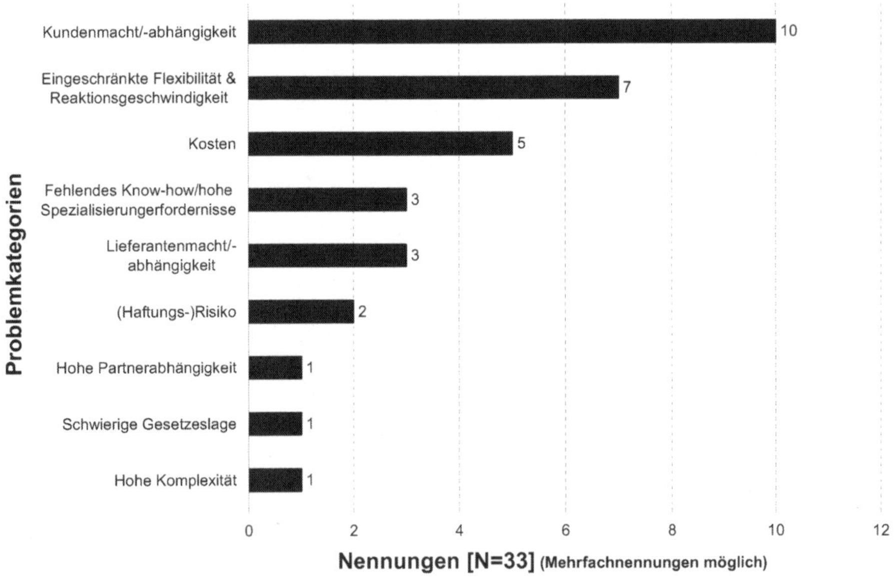

Abbildung 46: Probleme der hohen vertikalen Integration

Hinsichtlich der Veränderung der eigenen Wertschöpfungsaktivitäten sagten die antwortenden Unternehmen zu 41 Prozent aus, sie würden eine Erweiterung der eigenen Wertschöpfungskette in Betracht ziehen bzw. haben diese in letzter Zeit bereits durchgeführt. 33 Prozent hingegen planen bzw. haben kürzlich eine Auslagerung von Wertschöpfungsaktivitäten im Sinne des Outsourcings vollzogen. Keine Veränderung hingegen ist bei 13 Prozent der antwortenden Unternehmen geplant.

Als sonstige Veränderungen der Wertschöpfungsaktivitäten werden solche Aktivitäten subsumiert, die außerhalb der eigentlichen Wertkettenaktivitäten stattfinden. Genannt wurden hier Preis-Hedging, Wettbewerbsinformationsmanagement sowie die Einführung eines Recyclingsystems.

Als Bereiche, die ausgelagert werden sollen, gaben vier Unternehmen an, die Produktion auslagern zu wollen. Zwei Unternehmen wollen die Vertriebslogistik sowie ein Unternehmen Forschung und Entwicklung auslagern. So beschreibt ein Interviewpartner, dass *„ein paar Bereiche [...] eventuell ausgelagert werden [können]. Aber nur Bereiche, in denen geringes bis kein Know-how notwendig ist."*

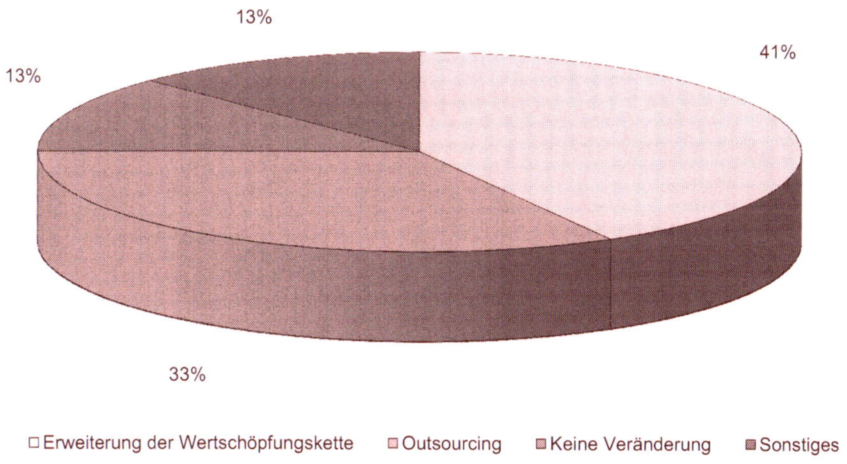

Abbildung 47: Veränderungen der Wertschöpfungskonfiguration [N=24]

Eigenes fehlendes Know-how und mangelnde Expertise gelten in sieben Fällen als wesentlichster Grund für die Auslagerung von Wertschöpfungsaktivitäten. Mit jeweils sechs Nennungen werden eine erhöhte Flexibilität, die Möglichkeit der Konzentration auf Kernkompetenzen sowie die Rentabilität als Gründe für eine Abgabe von Aktivitäten angeführt. Koordinative Komplexitätsreduktion begründet ein Outsourcing in fünf Fällen. Ein Befragter beschreibt den Vorteil der eigenen Outsourcing-Aktivitäten damit, dass *„Nachfrageschwankungen keinen großen Einfluss auf die Auslastung der Produktion haben, da nur ca. 30 Prozent der Teile selbst gefertigt werden."* Darüber hinaus behauptet ein anderer Interviewpartner: *„Würde man die Leistungen [...] fremdbeziehen, hätte man schneller die Möglichkeiten, Kapazitäten anzupassen."*

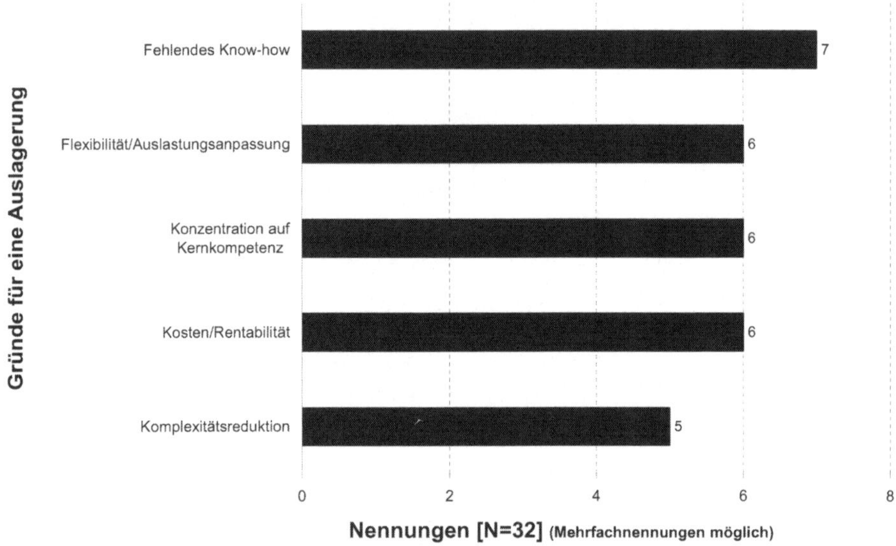

Abbildung 48: Gründe für die Auslagerung von Wertschöpfungsaktivitäten

Die Suche nach geeigneten Partnern, die Erfüllbarkeit von Kundenanforderungen sowie die Rentabilität schrecken jeweils zwei Unternehmen von der Auslagerung wertschöpfender Aktivitäten ab. So gibt ein Interviewter an, dass *„die Vergabe von Leistungen an Nachunternehmer mit verschiedenen Risiken verbunden"* ist. *„Zunächst ist die Suche nach zuverlässigen und qualitativ hochwertigen Partnern aufwendig. Vor allem bei [...] Vorhaben außerhalb der Region fehlen oft Erfahrungswerte oder Kontakte, um die richtigen Partner auszuwählen."* Ein potentieller Kompetenzverlust, beschäftigungspolitische Gründe sowie die regionale Verankerung (jeweils eine Nennung) werden zusätzlich als Gründe gegen das Outsourcing verstanden.

Gefragt nach den Gründen, warum eine Erweiterung der eigenen Wertschöpfungsaktivitäten attraktiv sei, gaben fünf der befragten Unternehmen an, dass sie dies hauptsächlich zur Erfüllung von gesteigerten Kundenanforderungen tun würden. So beschreibt ein Befragter, dass *„in Krisenzeiten [...] Teile nicht rechtzeitig geliefert werden"* können. *„Besser wäre hier eine eigene Fertigung [...]."* Vier Unternehmen führen im Zusammenhang mit der Erweiterung der eigenen Wertschöpfungskette ein gesteigertes Absatzpotential an. Die Reduktion von Abhängigkeiten sowie die Steigerung des eigenen Bekanntheitsgrades (jeweils eine Nennung) sind weitere, ergänzende Gründe für eine Vorwärts- oder Rückwärtsintegration. Gründe die gegen eine Erweiterung sprechen finden sich vor allem im fehlenden Know-how (n=3) sowie im gesteigerten Haftungsrisiko (n=2). Ein Interviewter betont, dass *„es hierbei besonders wichtig ist, nur das anzubieten, wovon das Unternehmen etwas versteht."*

Ein Anderer gibt zu bedenken, dass „*die Kompetenz in solchen Fällen nicht darstellbar [sei], da einschlägige Erfahrungen, Branchenkenntnisse und die notwendige Technik fehlen würden.*" Ebenfalls genannt wurden mögliche unternehmenskulturelle Probleme, Rentabilitätsgründe, eine gesteigerte Konkurrenz sowie die steigende Komplexität (jeweils eine Nennung), die durch eine Erweiterung der eigenen Wertschöpfungsaktivitäten entstehen würden.

Insbesondere der Vertrieb (n=5) gilt für die befragten Unternehmen als hauptsächlicher Integrationsbereich. Dahinter folgen der Service (n=3) sowie das Marketing (n=2). Ein Unternehmen gab an, sich um den Bereich der Forschung und Entwicklung erweitern zu wollen. Einen zunehmenden Fokus auf Marketingaktivitäten begründet dabei ein Interviewpartner mit der *‚starken Verhandlungsmacht' und des damit verbundenen ‚Erpressungspotential'* der Kunden. *„Deswegen ist es umso wichtiger, die Austauschbarkeit der Marke [...] zu vermeiden, umso über den Endkonsumenten ein Gegengewicht zur Verhandlungsmacht [...] zu generieren.*"

Zusammenfassend verfügt ein Großteil der befragten Unternehmen über eine, meist aus historischen Gründen gewachsene, hohe vertikale Integration. Folgende Aussage eines Interviewpartners fasst dabei zusammen, was für viele der Unternehmen gilt: „*Die Konfiguration unserer Wertschöpfung ist historisch gewachsen und verfolgt derzeit eine klassische Aufteilung in Entwicklung, Einkauf, Fertigung, Produktion, Vertrieb und After-Sales.*" Im Hinblick auf die Sicherung der Produktqualität sowie einer durchgängigen Kundenbetreuung über den gesamten Wertschöpfungsprozess bietet diese Konfiguration weitreichende Vorteile. Insbesondere im Hinblick einer besseren Kundenbindung und Erfüllung von Kundenwünschen denken die meisten Unternehmen über verstärkte Aktivitäten in den Bereichen Marketing, Vertrieb und Service nach. Der Mangel an bestehendem Know-how in diesen Bereichen sowie gestiegene haftungsrechtliche Vorschriften stehen dabei den Vorhaben gegenüber.

Hinsichtlich der Auslagerung von Wertschöpfungsaktivitäten werden oftmals die Bereiche Logistik und Produktion als mögliche Optionen genannt. Hier sehen die meisten Unternehmen, ohne Minderung der eigenen Innovationsfähigkeit sowie Kundenbindung eine Gelegenheit, ihre Wertschöpfungsstrukturen zu verkleinern.

Hinderungsgründe der Auslagerung sind dabei hauptsächlich die Suche und Abhängigkeit von potentiellen Partnern sowie die fehlende Möglichkeit, die gesamte Wertschöpfungskette auf die Kundenwünsche ausrichten zu können. So benötigt ein Befragter die hohe vertikale Integration, „*[...] da die Großkunden erwarten, bei Problemen nur einen Ansprechpartner zu haben und schnelle Problemlösungen verlangen.*" Darüber hinaus widerspricht die Tendenz zu schlankeren Wertschöpfungsstrukturen der gewollten Fokussierung auf die bestehende Belegschaft. Eine zur Generierung von Produktinnovationen notwendige Vermittlung von Arbeitsplatzsicherheit und Vertrauen, und damit ein weitreichender Wettbewerbsvorteil vieler mittelständischer Unternehmen, könnte dadurch untergraben werden.

Fallbeispiel
Das Unternehmen
Das Unternehmen wurde im Jahr 2001 gegründet und ist in der Maschinenbau-Branche tätig. Es beschäftigt insgesamt 325 Mitarbeiter an jeweils einem Standort im In- sowie im Ausland.
Die Konfiguration der Wertschöpfung aus Sicht des Geschäftsführers
„Die Wertschöpfungslogik unseres Unternehmens ist historisch gewachsen. Sie basiert auf dem Grundsatz mit einer hohen Fertigungstiefe zu produzieren. Wir verstehen uns als reiner Produktionsbetrieb! Hinzukommt, dass es unsere Wertschöpfungsstruktur ermöglicht, dass vieles selbst beeinflusst werden kann. Die Kernkompetenz unseres Unternehmens befindet sich innerhalb der Wertschöpfungskette in der Lohnfertigung. Chancen bestehen an dieser Stelle vor allem durch die Übernahme vor- oder nachgelagerter Leistungen des Kunden. Der Trend führt in Richtung Systemlieferant. Ein Risiko liegt aber darin, dass der Kunde gerade bei Auslastungsschwierigkeiten versuchen wird, abgegebene Arbeitsschritte zurückzunehmen. In Zukunft werden wir deswegen versuchen an den Randbereichen zur Lohnfertigung, insbesondere hin zur eigenen Entwicklung und Konstruktion, anzuknüpfen, um dem Kunden bedürfnisgerechte Systemlösungen anbieten zu können."

5.4 Ertragsmechanik

„Die Ertragsmechanik definiert die Art und den Zusammenhang der Ertragsquellen sowie die Formen der Umsatzerlöse" (*Wallentowitz* (2010), S. 161). Sie stellt somit eine Abbildung der Kosten und der Erlösquellen in einem Unternehmen dar (vgl. *Schwarz/Faullant/Krajger* (2008), S. 177) und ist stets auf eine bestimmte Produkt-Marktkombination sowie eine spezielle Konfiguration der zugrundeliegenden Wertkette abgestimmt (vgl. *Wohland* (2008), S. 48). Hieraus können „Hinweise über die Überlebensfähigkeit eines Geschäftsmodells" (*Wohland* (2008), S. 48) abgeleitet werden.
Grundsätzlich kann zwischen nutzungsabhängigen sowie -unabhängigen Ertragsformen differenziert werden (vgl. *Hofbauer* (2008), S.51). Unter nutzungsunabhängigen Ertragsformen werden in diesem Kontext Erträge verstanden, welche einer Abstraktion der mengen- und wertmäßigen Leistungserbringung unterliegen, wie etwa „Verträge[n], die den Kunden zu konstanten Zahlungen verpflichten" (*Meinhardt* (2002), S. 22). Bei nutzungsabhängigen Ertragsformen lässt sich hingegen ein direkter Bezug zwischen dem Umfang der erbrachten Leistung und den hieraus resultierenden Erträgen herstellen (vgl. *Meinhardt* (2002), S. 23).

Ein Interviewpartner erklärt, dass *„die Preise bzw. die Margen die wir veranschlagen im Gegensatz zu den Margen der Mitbewerber zwar höher sind, wir aber auch einen deutlich besseren Service bieten. Letztendlich bestehen bei uns zwei Möglichkeiten der Ertragsrealisierung: Provisionen und Einmalzahlungen.“*

Bei den befragten Unternehmen stellt sich heraus, dass 21 die Herstellung von Gütern als ihre Ertragsmechanik definieren. 15 Unternehmen gaben an, dass sie ihre Erträge über die Erbringung von Dienstleistungen generieren. Ein Teilnehmer erklärte, dass *„sein Unternehmen keine betriebsfremden Erlöse aufweise, sondern den Ertrag hauptsächlich aus dem Absatz der gefertigten Produkte gewinnt.“*

Dahingegen waren unter den Befragten nur wenige Unternehmen dabei, die ihre Ertragsmechanik der Entwicklung (n=5), dem Handel (n=5) oder dem Bau (n=4) zuschreiben.

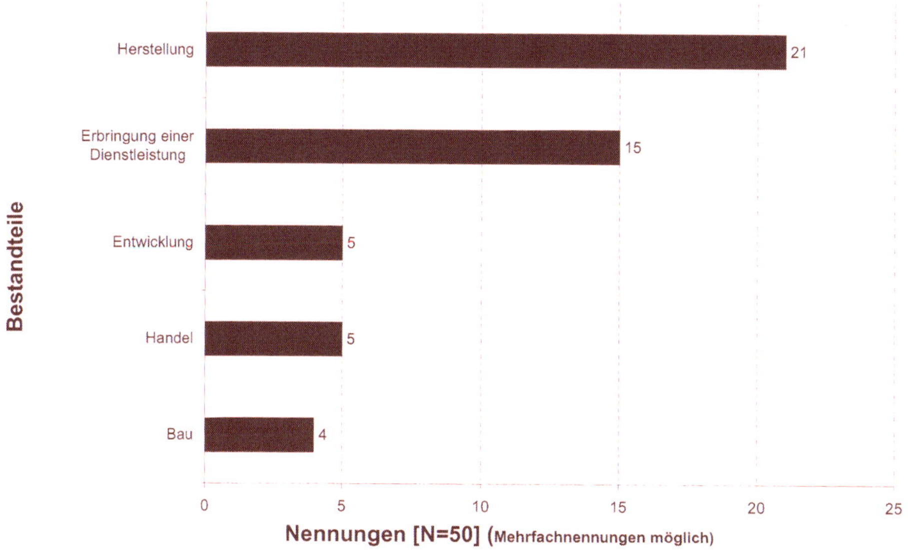

Abbildung 49: Grundbestandteile der Ertragsmechanik

Legt man die Definition nach *Schwarz/Faullant/Krajger* (2008, S. 171ff.) und somit den besonderen Fokus auf die Erlösquellen zugrunde, so kann festgestellt werden, dass ein Großteil der betrachteten Unternehmen lediglich ein oder zwei Erlösquellen aufweist. Zehn Probanden gaben an über drei Erlösquellen zu verfügen und nur vier Probanden nannten vier (n=2) oder fünf (n=2) primäre Erlösquellen, wie aus der oben stehenden Abb. deutlich wird.

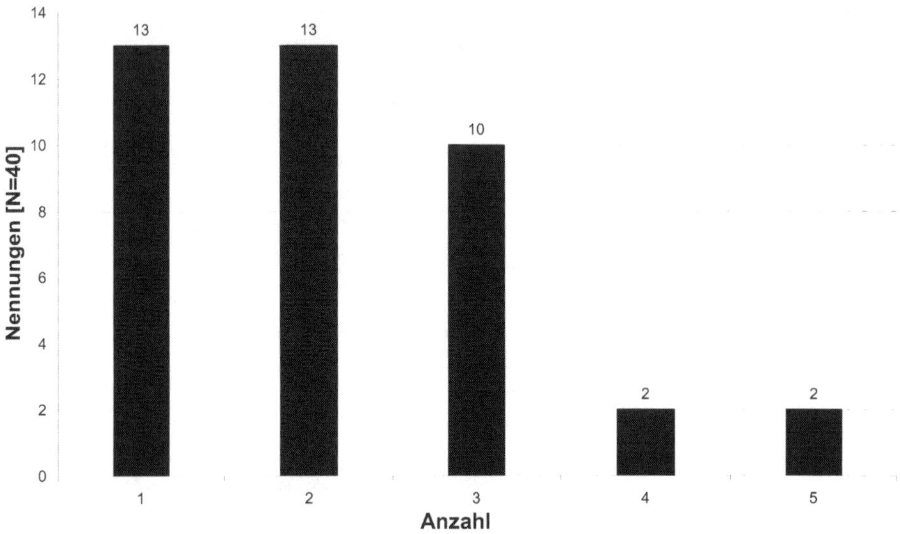

Abbildung 50: Anzahl primärer Erlösquellen

Mittelständische Unternehmen befinden sich grundsätzlich in einem Spannungsfeld zwischen Innovation und Wettbewerb, da sie einerseits eine deutlich höhere Innovationskraft als Großunternehmen aufweisen, aber andererseits nicht mit großserientauglichen Produkten gegen Großunternehmen im Wettbewerb bestehen können (vgl. *Ulrich* (2011), S. 29; *Bussiek* (1994), S. 21f.). Das Ergebnis der Studie bestätigt, dass sich mittelständische Unternehmen deshalb auf Nischenmärkte mit einer geringen Anzahl an Erlösquellen konzentrieren.

Die folgende Abbildung unterstreicht, dass die Differenzierung nach Erlösarten in erster Linie anhand der Produktspezifikation (n=25) erfolgt. Die Befragten gaben an, bei den Produkten zwischen unterschiedlichen Produktlinien, verwendeten Marken und Produktqualitäten zu differenzieren. Darüber hinaus unterscheiden die Unternehmen ihre Erlösarten, als Element der Ertragsmechanik, nach der Art der Dienstleistung (n= 9), den zu bedienenden Kunden (n= 4), dem laufenden Auftrag bzw. Projekt (n= 4) sowie nach der Branche oder des Segmentes (n= 2).

In einem Interview wurde erklärt, dass *„die Kosten und Erlöse auf Basis der Produkte erfasst werden. Für jedes Produkt gibt es im SAP-Programm eine Kalkulation, wodurch Plan- und Istkosten ausgewiesen werden."* Ein anderer Unternehmer führte an, dass *„der Ergebnisbeitrag mit Soll- und Ist-Werten auf Auftragsebene ermittelt wird. Die Kalkulation findet aufgrund von Vergangenheitswerten statt."*

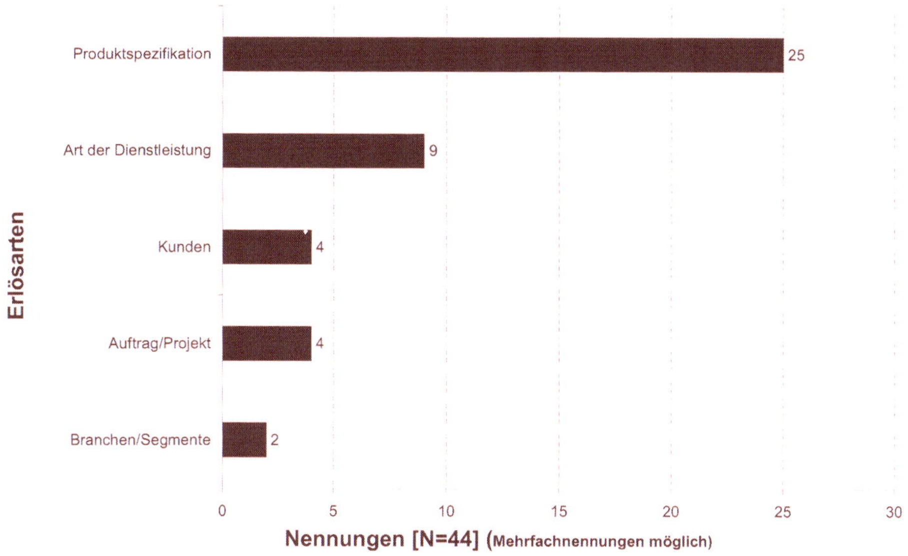

Abbildung 51: Differenzierung nach Erlösarten

Im Bereich der sekundären Erlösquellen ergibt sich, dass Unternehmen insbesondere durch After-Sales-Leistungen (n=6) und unternehmensfremden Handel (n=5) weitere Erlöse generieren. Unter After-Sales-Leistungen sind Leistungen, wie beispielsweise Montage, Wartung und Serviceleistungen, die nach dem Erbringen der Primärleistung anfallen, zu verstehen. Unter dem Begriff des unternehmensfremden Handels wurde von den Befragten unter anderem der Handel mit Rohstoffen und Lizenzen sowie mit Währungen genannt. Weitere Erlöse werden über Entwicklungsleistungen (n=4), Schulungen (n=2) und dem Verkauf von unternehmensinternem Know-how (n=2) erwirtschaftet. Ein Unternehmer erklärt diesbezüglich, dass *„je nach Geschäftsbereich unterschiedliche Margen-Situationen vorliegen. Unterschiedliche regionale Märkte mit unterschiedlichster Wettbewerbsintensität bedingen unterschiedliche Vorgehensweisen. Je nach regionaler bzw. internationaler Wettbewerbssituation existieren drei verschiedene Stellhebel: Preis, Qualität und Service.“*

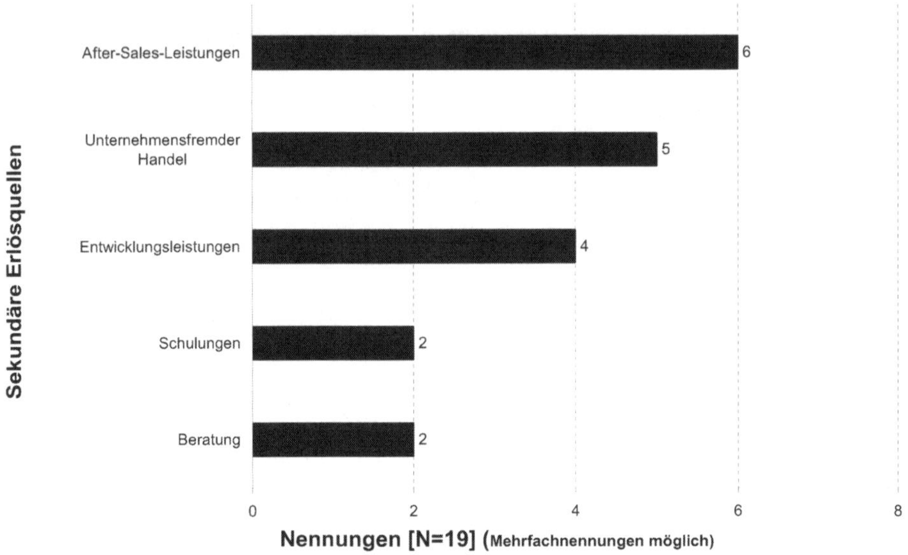

Abbildung 52: Differenzierung von sekundären Erlösquellen

Die oben ausgeführten Ergebnisse decken sich mit den Ergebnissen im Bereich der Produkt-Markt-Kombination, da mittelständische Unternehmen ihren Kunden umfangreiche After-Sales-Leistungen zur Stärkung ihrer eigenen USP anbieten und dieser Service gleichzeitig die wichtigste sekundäre Erlösquelle der Unternehmen darstellt.

Laut *Meffert/Klein* (2007, S.37) hängt der Erfolg mittelständischer Unternehmen essenziell von der Existenz einer trennscharfen und klaren Strategie ab.

Das Ergebnis der Befragung verdeutlicht, dass die Probanden eine Preisstrategie (n=26) bevorzugen. Unter einer Preisstrategie werden *„aufeinander abgestimmte, also ganzheitliche und an langfristigen Unternehmenszielen ausgerichtete Ziel- und Handlungskonzepte der Preispolitik, welche auf die Erschließung und Sicherung von Erfolgspotentialen der Unternehmen abzielen"* verstanden (*Diller* (2000), S. 365).

In vier Unternehmen wird aktuell eine Preisstrategie in Kombination mit einer Volumenstrategie angewendet. Eine reine Volumenstrategie beziehungsweise das Prinzip der Kostendeckung wird lediglich von jeweils vier Probanden angegeben.

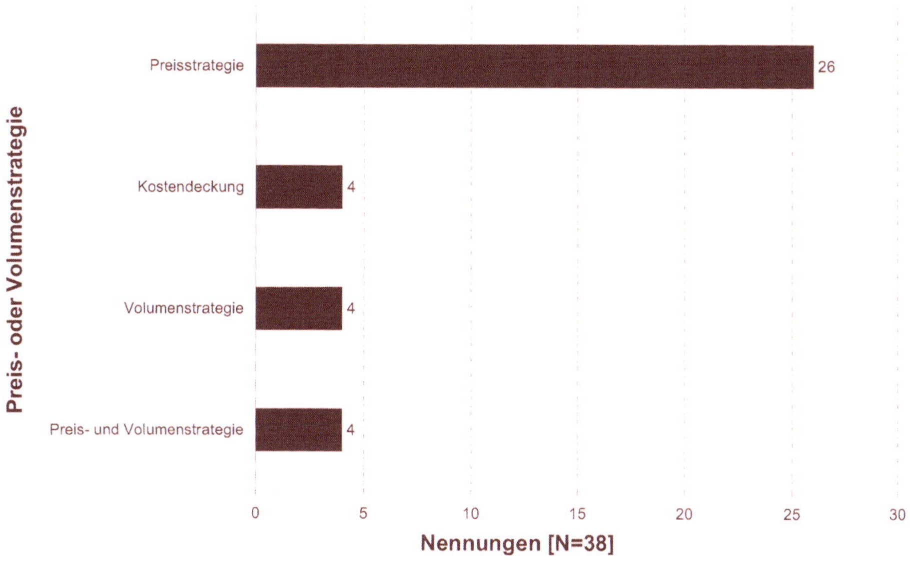

Abbildung 53: Preis- oder Volumenstrategie

Unternehmen müssen ihre Angebote im Preis-Qualitätsfeld entsprechend den Preis- und Qualitätswahrnehmungen ihrer Kunden angemessen platzieren (vgl. *Diller/Fürst/Ivens* (2011), S. 299). „*In der historischen Entwicklung der Wirtschaftswissenschaften entstanden zwei gegenpolige, idealtypische Strategieansätze*" (*Diller* (1992), S. 921). Grundsätzlich werden eine Preis-Mengen-Strategie mit einer Fokussierung auf den Preis und eine Präferenzstrategie mit der Fixierung auf die Produktqualitätsmerkmale unterschieden, wie in der folgenden Abb. aufgezeigt wird (vgl. *Diller* (1992), S. 921).

Im Zuge einer Niedrigpreisstrategie werden Produkte mit unterdurchschnittlicher Qualität zu niedrigen Preisen angeboten. Bei der Hochpreisstrategie wird das Absatzprogramm auf überdurchschnittliche Qualitäten und entsprechend hohen Preisen ausgerichtet. Werden Produkte hingegen mit mittlerer Qualität zu durchschnittlichen Preisen am Markt angeboten, findet die Mittelfeldstrategie Anwendung (vgl. *Diller/Fürst/Ivens* (2011), S. 299f.).

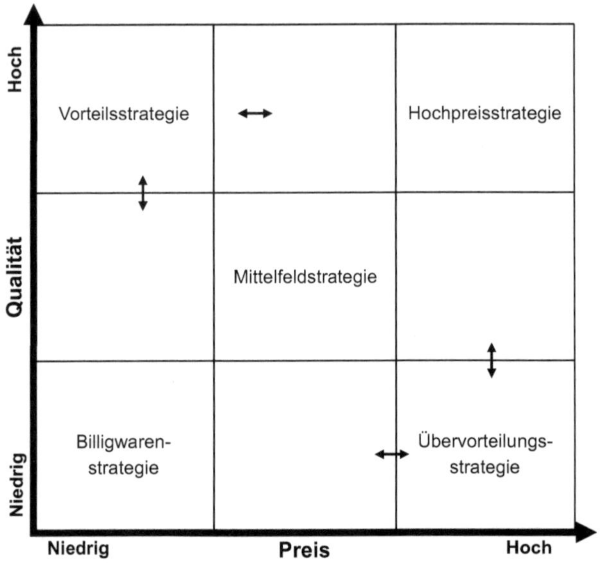

Abbildung 54: Strategieoptionen im Preis-Qualitäts-Wettbewerb
(in Anlehnung an *Diller* (1992), S. 922)

Die Preisstrategie wird bei ungefähr 79 Prozent der antwortenden Unternehmen (N=38) angewendet. Interessant gestaltet sich in diesem Zusammenhang deshalb die Frage welche Art von Preisstrategie die Unternehmen anwenden. Über die Hälfte der Probanden (n=15) gibt an eine reine Hochpreisstrategie anzuwenden. Laut *Diller* (1992, S. 921) erfordert diese Strategie, wie in der obigen Abbildung ersichtlich, „ein von der Qualität und dem Kundennutzen her überlegenes Produkt, das den hohen Preis rechtfertigt“ (*Diller* (1992), S. 921). Nur vier Unternehmen bedienen sich auftragsorientierter Preisen. Einer der Befragten verdeutlichte, dass *„die Produkte im hochpreisigen Segment angesiedelt sein, da die Entwicklungskosten und vor allem auch den eigenen, kapitalintensiven Maschinenbau einkalkuliert werden müssen“.*
Auf Grund der starken Kundenorientierung und dem umfangreichen sowie hoch qualitativen Leistungsangebot gelingt es den mittelständischen Unternehmen sich als Leistungsführer in ihren Märkten zu behaupten. Dieses Alleinstellungsmerkmal erlaubt ihnen, höhere Preise am Markt durchsetzen zu können und ermöglicht damit eine Hochpreisstrategie zu fahren. Auf Grund ihrer begrenzten Ressourcenausstattung wäre eine reine Kostenführerschaft auf Dauer nicht durchsetzbar (vgl. *Schirrmann* (2006), S. 168). Ein Befragter erklärte diesbezüglich, dass „b*ei kleineren Losgrößen eine Hochpreisstrategie angestrebt wird und bei größeren Losgrößen oft nur eine Volumenstrategie möglich ist.“*

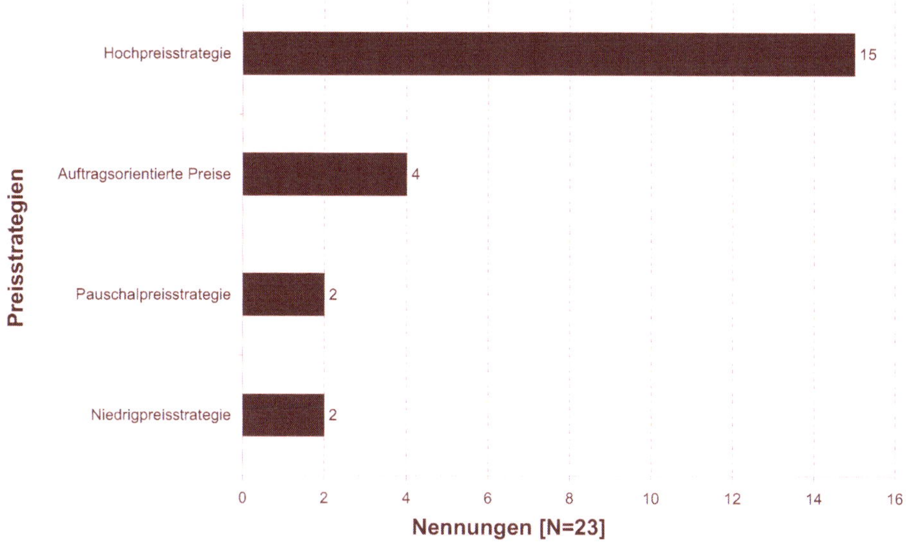

Abbildung 55: Art der Preisstrategie

Eine weitere Frage richtete sich nach den unterschiedlichen Bezugsobjekten mit denen der Mittelstand seine Erlöse voneinander abgrenzt. Das Ergebnis zeigt, dass 24 Unternehmen ihre Erlöse auf die verkauften Produkte zurückführen. Eine Abgrenzung der Erlöse nach Projekten wurde von acht Befragten genannt. Eine kundenspezifische Zurechnung verwenden dem Ergebnis nach sieben Unternehmen. Eine Abgrenzung über die Wertschöpfungsstufe (n=3) sowie nach unterschiedlichen Verkaufsländern (n=1) findet eher selten Anwendung. So gab ein Befragter an, dass *„sie die Bezugsobjekte zum einen nach den unterschiedlichen Fertigungsarten trennen und zum anderen die Auftragsentwicklung als eigenständigen Bereich behandeln.“*

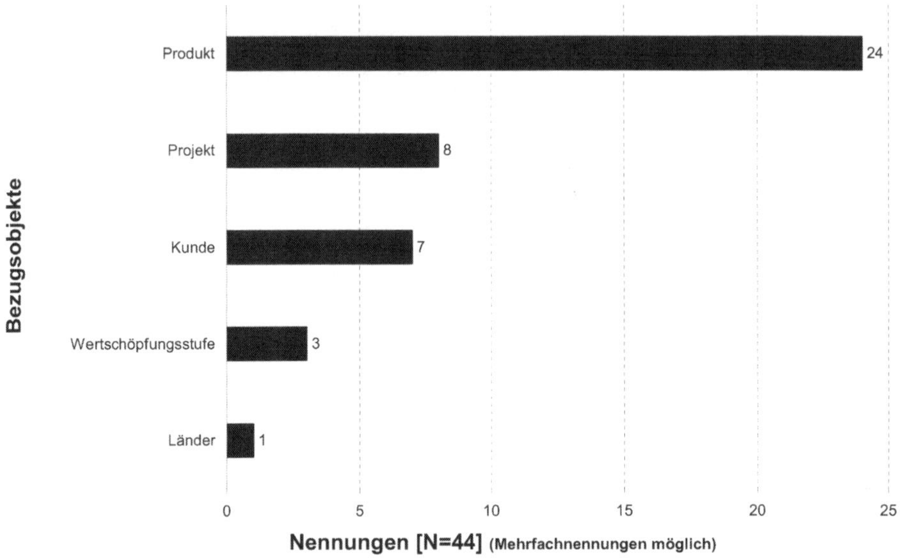

Abbildung 56: Bezugsobjekte zur Abgrenzung der Erlösstruktur

Mit 59 Prozent (N=40) gaben mehr als die Hälfte der Unternehmen an, dass sie Veränderungen an der Ertragsmechanik in der Zukunft vornehmen möchten. Diese Nennungen wurden weiter konkretisiert (vgl. Abb. 57). Vier Unternehmen planen ihr Produktprogramm neu zu gewichten, um den Absatz von profitableren Produkten auszuweiten. Eine Optimierung der unternehmensinternen Prozesse gaben drei Unternehmen als langfristiges Ziel an, um damit die Profitabilität des Unternehmens weiter zu erhöhen. Jeweils drei der Befragten führten an, dass sie mit gezielten Maßnahmen das Absatzvolumen erhöhen (n=3), beziehungsweise ihre Position in der Wertschöpfungskette ausweiten (n=3) wollen, um dadurch die Ertragslage im Unternehmen zu verbessern.

Zur Frage nach der Veränderung der Ertragsmechanik erklärte einer der Befragten ausführlich, dass *„die Ertragsmechanik durch den gezielten Ausbau einzelner Produkte sowie durch entsprechende interne Maßnahmen verbessert werden soll. Für eine weitere Verbesserung durch eine Kostenreduktion müsse allerdings zunächst in die Entwicklungsarbeit und die dafür benötigenden Maschinen investiert werden. “*

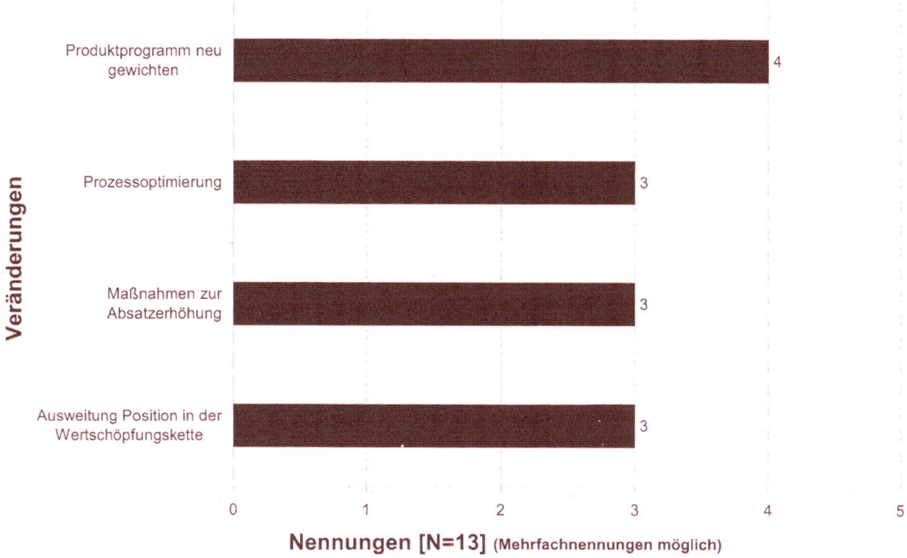

Abbildung 57: Geplante Veränderungen der Ertragsmechanik

Fallbeispiel 1

Das Unternehmen

Das Unternehmen ist in der Transport- und Logistikbranche aktiv und hat vier Standorte sowie verschiedene Lager- und Umschlagsplätze innerhalb Deutschlands. Es beschäftigt aktuell circa 1000 Mitarbeiter. Aufgrund der starken Zersplitterung des Gewerbes ist ein Marktanteil nicht messbar.

Die Produkt-Markt-Kombination des Geschäftsmodells aus Sicht des Geschäftsführers

„In der Transport- und Logistikbranche sind keine großen Margen möglich. Insofern besteht die Strategie des Unternehmens darin, dem Kunden eine hohe Qualität zu bieten und darüber hinaus langjährige Kundenbindungen aufzubauen. Aufgrund der qualitativ hochwertigen Leistungen, die das Unternehmen am Markt anbietet, ist es in der Lage, mit Preisen am Markt zu agieren, die ein „bisschen höher" sind als die der Wettbewerber. Das Unternehmen erzeugt eine hohe Kundenzufriedenheit, die sich an Hand langjähriger Kundenbeziehungen, die das Unternehmen pflegt, erkennen lässt."

Fallbeispiel 2

Das Unternehmen

Das Unternehmen ist in der Automobilbranche aktiv und besitzt einen Standort mit 300 Mitarbeitern in Deutschland.

Die Produkt-Markt-Kombination des Geschäftsmodells aus Sicht des Geschäftsführers

„Die Kalkulation ist für alle Produkte in unserem Unternehmen einheitlich. Pro Teil werden durchschnittlich 50 bis 60 Prozent Rohertrag erwirtschaftet. Dieser hängt jedoch sehr stark von der Art des Auftrags ab. So verdienen wir bei reinen Herstellungsaufträgen, die keine Problemlösung beinhalten, deutlich weniger.

Für Preisstrategien ist in der Automobilbranche kein Platz. Es wirken meistens zwei Aspekte auf die Preisbildung: Die Vorgabe des Kunden und die eigene Auslastung beziehungsweise die Auslastung der Konkurrenten. Ist ein Konkurrent nicht voll ausgelastet, so ist er bereit Teile für einen lediglich kostendeckenden Preis anzubieten."

Insgesamt kann festgestellt werden, dass die meisten Unternehmen ihre Erträge durch die Herstellung von Gütern generieren und ein oder zwei primäre Erlösquellen aufweisen. Es zeigt sich zudem, dass die Unternehmen auch Erlöse über ihre sekundären Erlösquellen generieren und unterstreicht die dargestellte hohe Bedeutung der Kundenbindung für den Mittelstand. Gleichzeitig führt auch das Anbieten von umfangreichen After-Sales-Leistungen dazu, dass mittelständische Unternehmen ihr ganzheitliches Angebot zu insgesamt höheren Preisen am Markt absetzen können und die Mehrheit sich deshalb für eine reine Hochpreisstrategie entscheidet.

Die Ergebnisse verdeutlichen, dass mittelständische Unternehmen ein hohes Verbesserungspotential in der Ertragslage durch die gezielte Ausrichtung des Produktprogramms sowie der Verbesserung der internen Prozessabläufe sehen und dieses in der Zukunft realisieren wollen.

5.5 Wettbewerbsorientierung

Durch die ständige Bedrohung des Geschäftsmodells durch unmittelbare Konkurrenten ist die Berücksichtigung des Wettbewerbsumfelds und des Wettbewerbsverhaltens unerlässlich für die Beschreibung, die Konfiguration und den Erfolg des eigenen Geschäftsmodells (vgl. *Umbeck* (2006), S. 68). Für die Analyse des Branchenwettbewerbs sind nach *Porter* neben der Verhandlungsstärke von Lieferanten und Kunden und potentiellen Ersatzprodukten insbesondere die Bedrohung potentieller neuer Konkurrenten sowie die Rivalität zwischen bestehenden Unternehmen der Branche zu analysieren (vgl. *Porter* (1986), S. 26). Nach *Porter* sind es eben jene

Faktoren, welche die Intensität des Wettbewerbs und folglich damit das Rentabilitätsniveau der jeweiligen Branche bestimmen.
Die Verhandlungsstärke von Kunden sowie die der Lieferanten lassen sich dabei prinzipiell unter die Subkategorie des „vertikalen Wettbewerbs“ (vgl. *Grant/Nippa* (2006), S. 177ff.) einordnen. Unternehmen agieren sowohl auf den Markt für Input-Güter als auch auf dem Markt für Output-Güter. Auf dem Markt für Output-Güter wird dabei die Rentabilität neben bestehenden Konkurrenzprodukten hauptsächlich durch die Preissensitivität und Verhandlungsmacht der jeweiligen Kunden bestimmt. Die erzielten Renditen am (Absatz-)Markt sind dabei insbesondere abhängig, inwiefern Kunden in der Lage sind, durch Faktoren wie Größe, Informationsstand oder der Möglichkeit einer Rückwärtsintegration, Druck auf den jeweiligen Leistungslieferanten ausüben zu können. Die Beziehungen eines Unternehmens auf den Input-Märkten wiederum vollziehen sich analog zu Aussagen für den Output-Markt. Auch hier spielt für das beziehende Unternehmen die eigene Größe, der jeweilige Informationsstand sowie die Möglichkeit der Rückwärtsintegration insofern eine Rolle, als dass so Druck auf den jeweiligen Lieferanten ausgeübt werden kann (vgl. *Porter* (1986), S. 22ff.).
Substitutionsprodukte sowie potentielle als auch bestehende Konkurrenten sind wiederum der Kategorie des „horizontalen Wettbewerbs“ zuordenbar. Verstanden als Produkte, die vom originären Produkt aufgrund ihrer Beschaffenheit abweichen, jedoch die gleichen Kundenbedürfnisse decken, beeinflussen Substitutionsprodukte durch ihre Verfügbarkeit den Preis des originären Produkts und damit dessen Rentabilität (vgl. *Welge/Al-Laham* (2010), S. 307). Als Gegenstück zu Substitutionsprodukten fordern verschiedene Autoren die Branchenstrukturanalyse um sogenannte Komplementärprodukte zu ergänzen (vgl. z.B. *Brandenburger/Nalebuff* (2008)). Während Substitutionsprodukte mit ihrer Existenz den Wert der vom Unternehmen angebotenen Leistung mindern, erhöht die Existenz von Komplementärprodukten den Wert der angebotenen Leistung und wirkt sich somit ebenfalls entscheidend auf die jeweilige Branchenrentabilität aus.
Die Gefahr des Markteintritts neuer Konkurrenten wird im Wesentlichen von der im Markt vorherrschenden Differenz zwischen eingesetzten Kapitalkosten und den damit erwirtschafteten Kapitalerträgen bestimmt (vgl. *Grant/Nippa* (2006), S. 107ff.). Je höher die Differenz ausfällt, desto mehr Raum bietet sich für potentielle Konkurrenten, in den jeweiligen Markt eintreten zu können. Je näher allerdings bereits am sogenannten Wettbewerbspreis kalkuliert bzw. angeboten wird, desto höher sind die Barrieren für den Markteintritt. Bestehende Unternehmen am Markt können dabei versuchen mittels der Ausnutzung von Skaleneffekten bzw. der Nutzung absoluter Kostenvorteile sich so nahe wie möglich dem jeweiligen Wettbewerbspreis anzunähern. Zudem bestimmen Faktoren wie existierende Kapitalanforderungen der Branche, Schwierigkeiten in der Produktdifferenzierung sowie der

Zugang zu Vertriebskanälen gemeinhin den Eintritt potentieller Mitanbieter (vgl. *Porter* (1986), S. 26).
Auch der durch die unmittelbar bestehende Konkurrenz (Wettbewerb im engeren Sinne) ausgeübte Rentabilitätsdruck bestimmt sich über Möglichkeiten der Produktdifferenzierung, vorhandene Kostenvorteile oder mögliche Marktaustrittsbarrieren (vgl. *Kreikebaum* (1997), S. 121). Insbesondere aber beeinflusst die Anzahl, Konzentration und Größenverteilung der bestehenden Konkurrenten den Anteil den das jeweilige Unternehmen am Marktpotential maximal erreichen kann. Aus diesem Grund wurde zunächst nach der Größe der jeweiligen Wettbewerber gefragt. Sieben Unternehmen antworteten dabei, dass sich ihr Wettbewerb auf eher kleine Unternehmen fokussiert. Allerdings vermuteten einige befragte Unternehmen gar in den kleinen Wettbewerbern die größte Gefahr. So sieht ein Interviewter „*vor allem in den kleineren Wettbewerbern eine gefährlich Konkurrenz, da diese ihre Preise sehr knapp kalkulieren und entsprechend aggressiv am Markt agieren.*" Ein weiterer Interviewpartner hingegen sieht in kleinen Wettbewerbern „*eine größere Chance auf eigenes Wachstum und Entwicklung.*"
Ein gemischtes Wettbewerbsumfeld mit sowohl großen als auch kleinen Wettbewerbern gaben sechs Unternehmen an. Mit eher großen Wettbewerbern sehen sich vier der befragten Unternehmen konfrontiert.

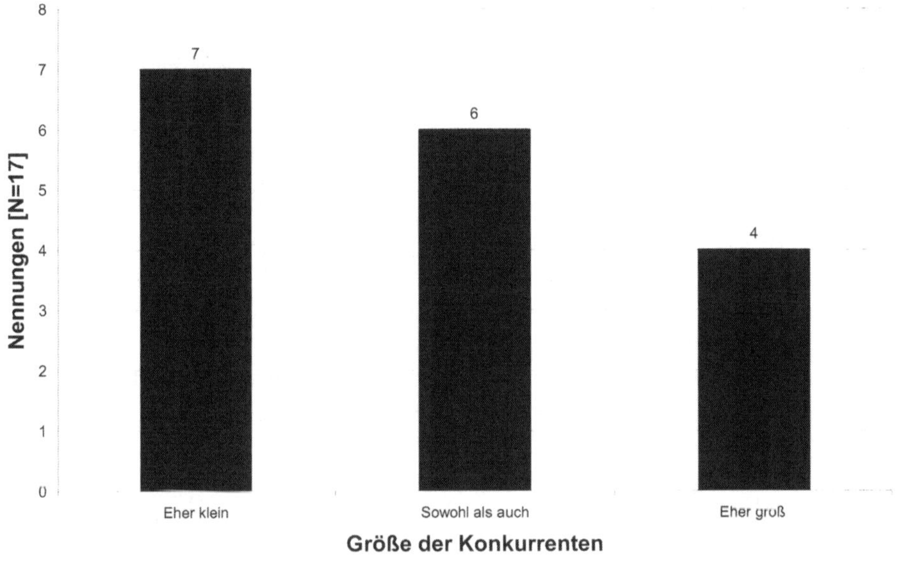

Abbildung 58: Größe der Konkurrenten

Im Hinblick auf die Anzahl der Wettbewerber kann die Tendenz einer zunehmenden Wettbewerbskonzentration beobachtet werden. So befinden sich die meisten der

befragten Unternehmen mit wenigen Wettbewerbern in direkter Konkurrenzbeziehung (n=12). Sieben Unternehmen sehen sich mit vielen Wettbewerbern, hingegen nur drei mit mehr als 50, also sehr vielen Wettbewerbern konfrontiert.
Hinsichtlich der geografischen Verteilung des Wettbewerbs zeigt sich ein ausgeglichenes Bild. Jeweils vier Unternehmen bezeichneten ihr geografisches Wettbewerbsgebiet als regional, national und international. Die Intensität des eigenen Wettbewerbs beschreibend, gaben zehn Unternehmen an, einem intensiven Wettbewerb ausgesetzt zu sein. Lediglich vier Unternehmen bezeichneten die Intensität des eigenen Wettbewerbs als gering. So sehen manche den starken Wettbewerb nicht unbedingt als Nachteil an. So erklärt ein Befragter, dass durch den intensiven Wettbewerb *„nie eine Ermüdung bzw. Selbstlähmung ein[setzt], da man immer gefordert ist.“* Ein weiterer Interviewpartner bezeichnet sein eigenes Wettbewerbsumfeld als *„extrem“* und gibt dabei erklärend zu verstehen, dass *„der Markt, insbesondere der Deutsche, relativ gesättigt ist.“* Alternativ sahen bzw. sehen sich deswegen viele Unternehmen gezwungen auf internationale Märkte zu expandieren: *„Unser Wachstumstreiber ist das Auslandsgeschäft, innerhalb dessen wir schon heute die Hälfte unseres Umsatzes erzielen“* erklärt ein Befragter. Die Herausforderungen der Auslandstätigkeit sieht dabei ein anderer Interviewpartner insbesondere in den kulturellen Hürden: *„Der Aufbau einer Produktion ist kein Problem von maschineller Seite, aber der menschliche Faktor spielt eine große Rolle in Asien [...].“* Gleichzeitig sieht ein Befragter die Standortvorteile in sogenannten Billiglohnländern allmählich schwinden: „[...]D*er Lebensstandard in den Niedriglohnländern steigt und somit auch die Gehaltsforderungen der Mitarbeiter in diesen Ländern [...]. Dadurch werden die heutigen Differenzen bei den Produktionskosten zwischen In- und Ausland sinken, auch wenn diese Länder nie das deutsche Lohnniveau erreichen werden.“*

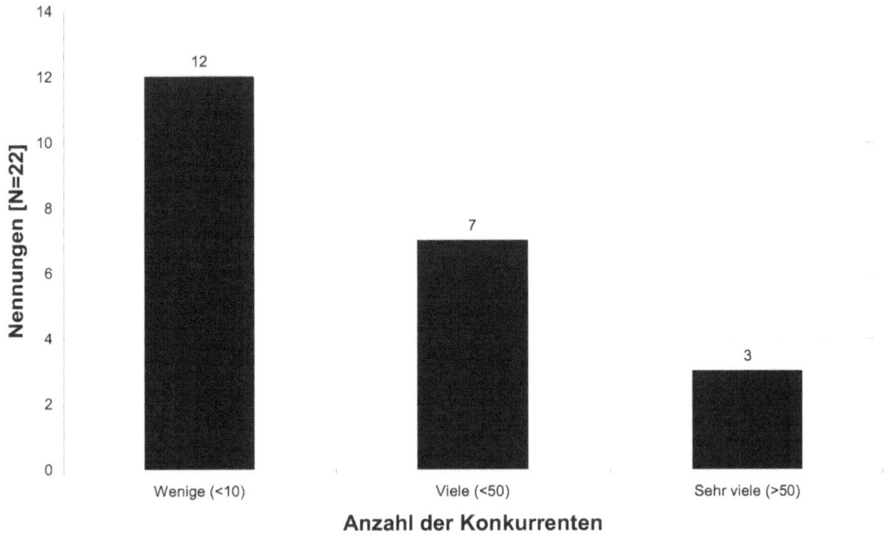

Abbildung 59: Anzahl der Wettbewerber

Die eigene Stellung innerhalb des Wettbewerbs beschreiben zehn Unternehmen als nachhaltig verteidigbar an. Demgegenüber stehen drei Unternehmen, die sich nach eigener Einschätzung eine langfristige Verteidigung der eigenen Position nicht zutrauen. Schwierigkeiten der eigenen Position sehen viele Unternehmen dabei in den hohen Kosten (n=6). Zudem sind nach Angaben der Unternehmen vorhandene rechtliche Beschränkungen (n=4) sowie die eigene geringe Größe (n=3) nachteilig, um im Wettbewerb bestehen zu können. Eine geringe Flexibilität (n=2) sowie ein unzureichendes Leistungsangebot wurden jeweils einmal genannt.

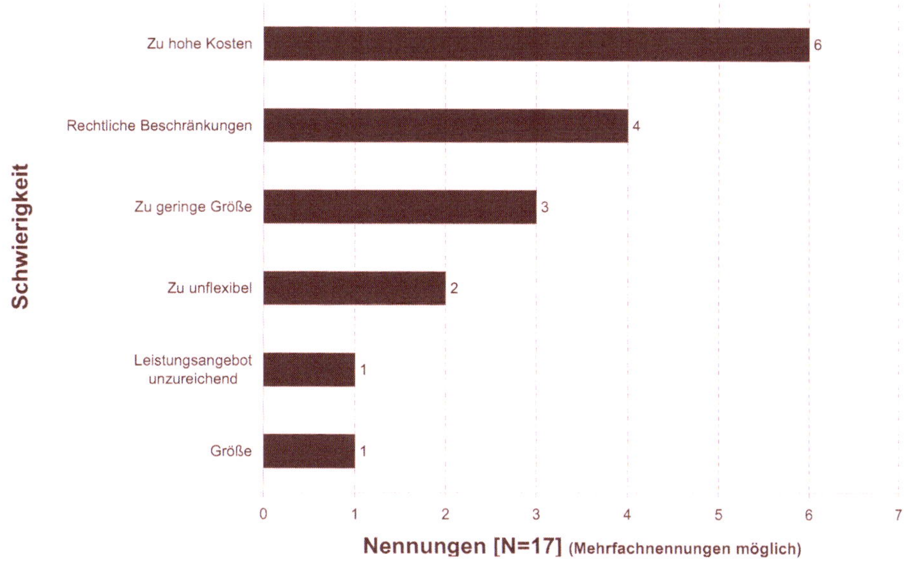

Abbildung 60: Schwierigkeiten der eigenen Wettbewerbsposition

Nach *Porter* (1999, S. 62 ff.) können idealtypisch drei Wettbewerbsstrategien differenziert werden. Neben der Kostenführerschaft, die darauf basiert einen umfassenden Kostenvorsprung innerhalb der Branche zu erlangen, kann die sogenannte Differenzierungsstrategie, welche darauf basiert, die eigene Leistung von derjenigen der Konkurrenz abzuheben, sowie die Konzentration auf Schwerpunkte bzw. die Nischenstrategie (Begrenzung und Spezialisierung auf ein eng definiertes Branchensegment) unterschieden werden.

Zur Konkretisierung der Differenzierungsstrategie ergänzt *Becker et al.*, dass neben der objektiven Wahrnehmbarkeit der Differenzierung durch kundennahe und bedarfsgerechte Ausprägung der Absatzleistung sowie deren Erstellungsprozesse auch subjektiv die Differenzierung durch etwa werbliche Signalisierung der Alleinstellungsmerkmale fokussiert werden sollte. Die damit bezeichnete Strategie der Leistungsführerschaft hat folglich das Ziel, eine hohe und dauerhafte Kundennähe und Kundenbindung sowie eine Reduktion der Preiselastizität der Nachfrage zu generieren (*Becker/Krämer/Ulrich* (2010), S. 481ff).

Diese Erweiterung der Differenzierungsstrategie bezeichnet *Becker* dabei als sogenannte Strategie der Leistungsführerschaft (vgl. *Becker/Krämer/Ulrich* (2010), S. 481ff.). Neben diesen drei bzw. vier generischen Strategietypen benennt *Porter* (1988, S. 71) darüber hinaus Strategien, die keinem der genannten Typen zugeordnet werden können als Strategien „zwischen den Stühlen". Im Gegensatz zu *Porter* allerdings, der eine Kombination der beiden Strategien der Kosten- sowie Leistungsführerschaft kategorisch ablehnt, sieht *Becker* in den unterschiedlichen strategischen

Handlungsmustern nicht notwendigerweise sich ausschließende Alternativen (vgl. *Becker/Krämer/Ulrich* (2010), S. 481ff.). So definiert *Becker* die generische Strategie der integrierten Kosten- und Leistungsführerschaft, die insbesondere im Mittelstand im Rahmen einer sukzessiven Integration der zunächst vernachlässigten Strategie erreicht werden kann. Gemäß dieser sog. Outpacing-Strategie werden Leistungs- oder Kostenführerschaft abwechselnd nacheinander verfolgt. Ist etwa die Leistungsführerschaft realisiert, fokussieren die folgenden strategischen Aktivitäten das Ziel der Produktivitätssteigerung sowie der Kostenreduktion. Die eingesparten finanziellen Mittel werden anschließend zur Generierung neuer innovativer Erfolgspotentiale eingesetzt, um die Position des Leistungsführers zu stärken (vgl. *Becker/Krämer/Ulrich* (2010), S. 481ff.).
Nach der verfolgten Wettbewerbsstrategie gefragt, antwortete die Mehrheit (n=17), dass eine Leistungsführerschaft angestrebt wird. Fünf Teilnehmer ordneten sich der Nischenstrategie zu, während drei Unternehmen eine Leistungs- und Kostenführerschaft verfolgen. Nur zwei Unternehmen versuchen, sich durch die Strategie der Kostenführerschaft gegen den Wettbewerb durchzusetzen.

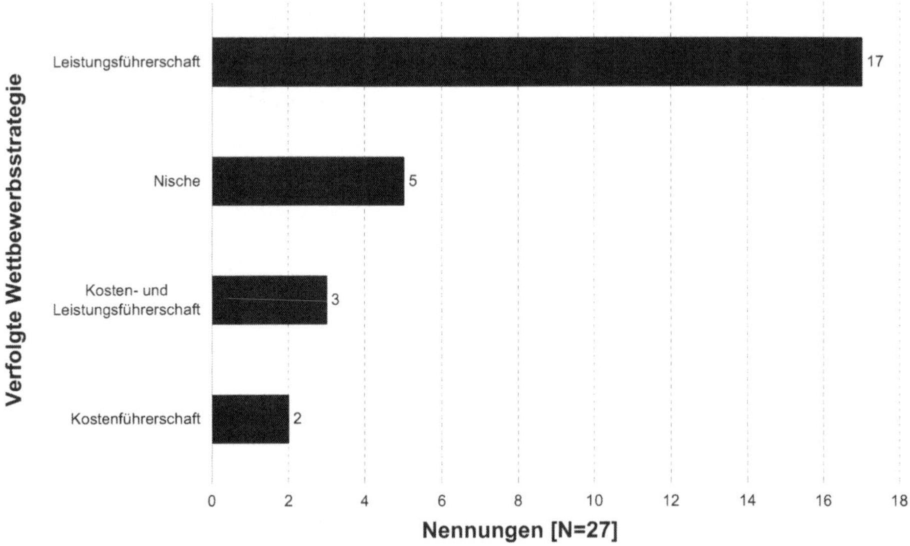

Abbildung 61: Gewählte Wettbewerbsstrategie

Einen wesentlichen Nachteil der Branchenanalyse nach *Porter* stellt dessen statischer Charakter dar (vgl. *Grant/Nippa* (2006), S. 141ff.). Nicht erfasst wird die wechselseitige Interaktion der verschiedenen Branchenteilnehmer, die gemäß spieltheoretischen Überlegungen zwischen eher defensiver Kooperation und eher offensiver Konfrontation schwanken kann. Insbesondere in Branchen, die vom Komplementärprodukten geprägt sind, lassen sich vornehmlich durch eher kooperative Strategien charakterisieren, während in substitutionsgeprägten Branchen konfrontative Strategien dominieren (vgl. z.B. *Nalebuff/Brandenburger* (2008)). Gefragt nach der generellen Wettbewerbsstrategie halten sechs Teilnehmer ihr eigenes Verhalten gegenüber den Konkurrenten als offensiv. Vier befragte Unternehmen sehen sich gegenüber dem Wettbewerb in einer eher defensiven Rolle. Wiederum drei Unternehmen bezeichnen ihr Wettbewerbsverhalten als weder offensiv noch defensiv, sondern als vorwiegend kooperativ.

Hinsichtlich der tatsächlichen Mittel zur Verteidigung der eigenen Position verlässt sich der Großteil der Unternehmen vornehmlich auf die Qualität (n=18) sowie die Innovativität (n=10) der eigenen, erbrachten Leistung. Als Möglichkeit die hohen Kosten einer eigenen Forschungs- und Entwicklungsabteilung als Basis der Innovationen zu reduzieren, verweist ein Befragter auf die enge Zusammenarbeit mit Universitäten: „*Um die Wettbewerbsposition weiter auszubauen und geeignete Nachwuchskräfte zu akquirieren, halten Unternehmensvertreter Fachvorträge an Universitäten, verleihen [einen] Award für Abschlussarbeiten und Dissertationen im Bereich Materialien und Verfahrenstechnik und pflegen entsprechende Netzwerke.*“ Ähnlich sieht es auch ein weiterer Interviewpartner, der versucht „*über Innovationen und in Zusammenarbeit mit der Wissenschaft Vorteile zu generieren.*“

Neun Unternehmen nutzen allgemeine Größenvorteile zur Sicherung der eigenen Wettbewerbsfähigkeit, während acht Nennungen die Qualität der eigenen Mitarbeiter als stärkstes Differenzierungsmerkmal anführen. Verstärkte Kooperationen mit Wertschöpfungspartnern sowie eine verbesserte Kundenbeziehung werden jeweils sieben Mal genannt. Sechs Nennungen fallen auf die Möglichkeit der Expansion. Daneben können Zusatzleistungen, Imagepflege, Patente und Kooperationen mit Konkurrenten (jeweils vier Nennungen) dazu dienen, die eigene Position zu verteidigen. Ergänzend wird zudem eine höhere Flexibilität, Informationsmanagement über Konkurrenten sowie Lobbyarbeit (jeweils drei Nennungen) für den Erhalt der Wettbewerbsstellung genutzt.

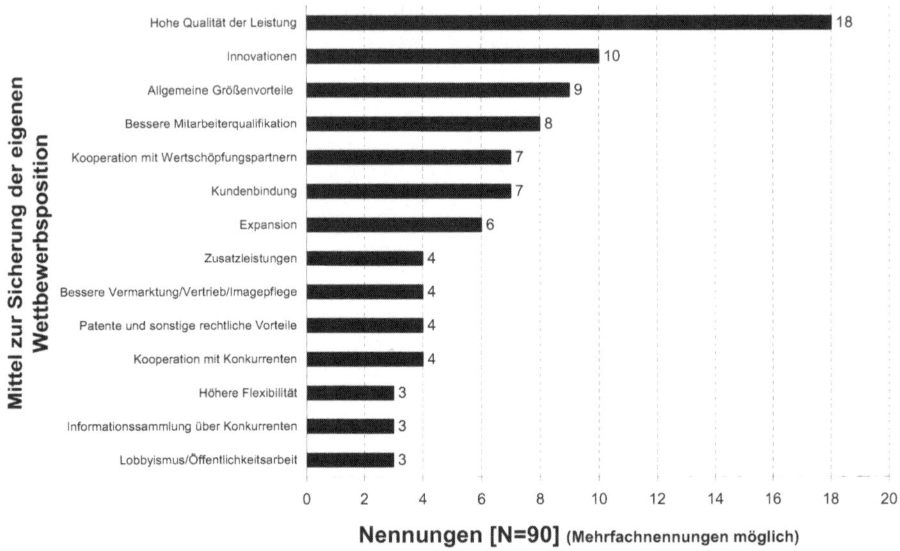

Abbildung 62: Mittel zur Sicherung der eigenen Wettbewerbsposition

Änderungen im Wettbewerbsverhalten sind bei neun der befragten Unternehmen geplant. Insbesondere Preis- und Kostensenkungen wurden hierbei erwähnt (n=3). Jeweils zwei Nennungen entfielen auf verstärkte Kooperationsbemühungen sowie eine Steigerung des Bekanntheitsgrades als mögliche Änderungen der Wettbewerbsstrategie. Eine Erhöhung der Leistungsqualität sowie verstärkte Expansionsbemühungen wurden jeweils einmal erwähnt.

Zusammenfassend kann festgestellt werden, dass sich die befragten Unternehmen vornehmlich auf die Strategie der Differenzierungs- bzw. Leistungsführerschaft fokussieren. Diese Erkenntnis geht dabei Konform mit der Annahme, dass mittelständische Unternehmen aufgrund einer meist begrenzten Betriebsgröße und eingeschränktem Ressourcenzugang nur selten in der Lage sind, in gleicher Weise wie Großunternehmen Economies of Scale zu realisieren (vgl. *Becker/Krämer/Ulrich* (2010), S. 481ff.). Ein Befragter beschreibt die Notwendigkeit, auf eine Differenzierungsstrategie zu setzen wie folgt: „*So wird versucht, den Markt durch Neuentwicklungen zu erobern, um so einen Preiskampf auszuweichen. Ein Preiskampf gegenüber Massenherstellern oder anderen Wettbewerbern ist nicht realistisch, wird bewusst abgelehnt und somit strategisch nicht fokussiert.*"

Nach *Porter* sind bei der Verfolgung der Differenzierungsstrategie insbesondere die Risiken des Quotienten zwischen Kostenunterschied und Differenzierungsfaktor, der Aufrechterhaltung des Bedarfs am Differenzierungsfaktor sowie die Gefahr der Nachahmung zu beachten (vgl. *Porter* (1988), S. 76). Die befragten Unternehmen begegnen diesen Risiken insbesondere durch verstärkte Fokussierung auf die Produktqualität sowie -innovation, die Mitarbeiterqualität sowie intensive Kundenbeziehungen und Imagepflege, um sich von ihren Konkurrenten abzusichern. Mechanismen zur Abwehr von Nachahmern, wie etwa Patente oder Informationssicherheit, sind dabei jedoch weitestgehend unterrepräsentiert.

Ein Interviewpartner begründet dies wie folgt: „*Ein Patentschutz ist nur bedingt anwendbar und sehr teuer.*" Ergänzend gibt er dabei zu verstehen, dass man, wie die Vielzahl der befragten Unternehmen, versucht „*sich über das Geschäftsmodell abzugrenzen. Dies gelingt mit Hilfe des Rückgriffs auf vorhandene Ressourcen, hoch qualifizierte Entwickler und Werkzeuge sowie einer technischen Denkweise, die sich von der des Wettbewerbs unterscheidet.*" Die Signifikanz der Problematik Produktpiraterie, insbesondere hervorgerufen durch verstärkte Auslandstätigkeit, wird von den befragten Unternehmen differenziert beurteilt. So klagt ein Befragter, dass „*in Bezug auf den Ersatzteilemarkt [...] vor allem Produktpiraten als Problem erkannt [werden], die den Marktanteil des Unternehmens um 30-40 Prozent verringern.*" Ein Anderer behauptet hingegen, dass das eigene Unternehmen „*vor Me-too - Produkten [...] wenig Angst [hat], da der Bedarf in China aktuell so groß sei, dass mehrere Firmen davon leben könnten.*"

Zudem versuchen die befragten Unternehmen, sich durch eigene Größe von meist eher kleinen Mitkonkurrenten zu schützen. Ist dies nicht möglich, kompensieren die befragten Unternehmen ihre geringe Größe meist durch verstärkte Kooperationen mit Wertschöpfungspartnern oder Konkurrenten. Insbesondere in Branchen mit wenigen Mitbewerbern scheint dies ein adäquates Mittel zu sein, die eigene Wettbewerbsfähigkeit aufrecht erhalten zu können. So konstatiert ein befragtes Unternehmen, dass „*unsere Branche [...] so klein [ist], dass mit Konkurrenten kooperiert werden muss.*" Ein anderer Interviewpartner erklärt den Grund der eigenen Kooperationsstrategie folgendermaßen: „*Diese Strategie fußt auf der langjährigen Firmengeschichte, aus der das Unternehmen die Lehre gezogen hat, dass sich alles im Wettbewerb wieder ausgleiche und ein aggressives Vorgehen deshalb keinen Sinn macht.*" Ein weiterer Befragter schließt hingegen die Kooperation mit Mitbewerbern „*kategorisch aus*", da um jeden Kunden „*hart gekämpft*" werde und „*sich die Anbieter zu ähnlich sind.*"

Fallbeispiel
Das Unternehmen
Das Unternehmen wurde im Jahr 1951 gegründet und ist in der Metall- und Kunststoffverarbeitenden Industrie tätig. Es beschäftigt insgesamt 1500 Mitarbeiter an drei Standorten im Inland sowie sechs Standorten im Ausland.
Die Konfiguration der Wertschöpfung aus Sicht des Geschäftsführers
„Die Wettbewerbssituation und der Marktanteil sind für jeden Geschäftsbereich unterschiedlich. In einigen Märkten hat das Unternehmen eine marktbeherrschende Stellung und in anderen nicht. Wir streben in allen Märkten an, Marktführer oder zumindest unter den „Top Drei" zu sein. Das Unternehmen begegnet seinen Wettbewerbern unabhängig von seiner Marktposition mit einer Konfrontationsstrategie. Haben wir eine marktbeherrschende Position inne, dann agieren wir aus einer Position der Stärke heraus. Wettbewerbern wird der Markteintritt über Menge, Preisvorteile, Patente und Innovationen schwer gemacht. Machen wir dabei keine Fehler, so ist es schwer für andere Wettbewerber, uns die Position beim Kunden streitig zu machen. Ist das Unternehmen allerdings noch nicht Markführer, so muss zu allererst der Kunde überzeugt werden, dass unsere Produkte qualitativ besser sind als die der Mitbewerber."

5.6 Ressourcenstruktur

Ausgehend von einem ressourcenorientierten Ansatz, der in den 1960er Jahren oft als Ausgangspunkt des Strategischen Managements betrachtet wurde, basiert Unternehmenserfolg darauf, dass Unternehmen über wertvollere Ressourcen als die Konkurrenz verfügen und diese besser einzusetzen wissen (vgl. *Amschlinger* (2011), S. 172f.). Das Ziel eines Unternehmens besteht „nahezu immer in der Erzielung angemessener Gewinne bzw. einer entsprechenden Verzinsung des eingesetzten Kapitals", wodurch die herausragende Bedeutung der finanziellen Ressourcen für Unternehmen begründet werden kann (vgl. *Zink* (1998), S. 93 f.).
Unter den finanziellen Ressourcen werden die für das Unternehmen „zur Verfügung stehenden liquiden Mittel[n] zur Durchführung von Akquisitionen und Investitionen" verstanden (*Amschlinger* (2011), S. 179). *Amschlinger* ((2011), S. 179) weist darauf hin, dass neben einer guten finanziellen Ressourcenausstattung auch der Zugang zum Kreditmarkt sowie die dort angebotenen Konditionen gerade für mittelständische Unternehmen entscheidend sind. So kommt auch bei der Bestimmung der Unabhängigkeit von Unternehmen den finanziellen Ressourcen eine entscheidende Rolle zu (vgl. *Herfurth* (2010), S. 182). Vor allem mit der Einführung von Basel II im Jahr 2007 wurde die Aufnahme von Fremdkapital für mittelständische Unter-

nehmen erschwert und bezüglich der Konditionen verteuert (vgl. *Amschlinger* (2011), S. 179).
Grundsätzlich kann in Bezug auf die Kapitalstruktur mittelständischer Unternehmen festgestellt werden, dass die Eigenkapitalausstattung bei deutschen Unternehmen insbesondere im internationalen Vergleich als eher gering anzusehen ist (vgl. *Grichnik* (2003), S. 93). Es konnte jedoch eine konstante Steigerung des Eigenkapitalanteils in den letzten Jahren beobachtet werden (vgl. *Classen/Classen* (2008), S. 43).
Auch nach Analyse der vorliegenden Erhebungsergebnisse kann bestätigt werden, dass Fremdkapital zur Finanzierung der Unternehmen eine wichtige Rolle spielt:
Die Studie zeigt, dass knapp 70 Prozent der befragten Unternehmen Fremdfinanzierungsmittel zur Finanzierung ihres Geschäftsmodells nutzen.

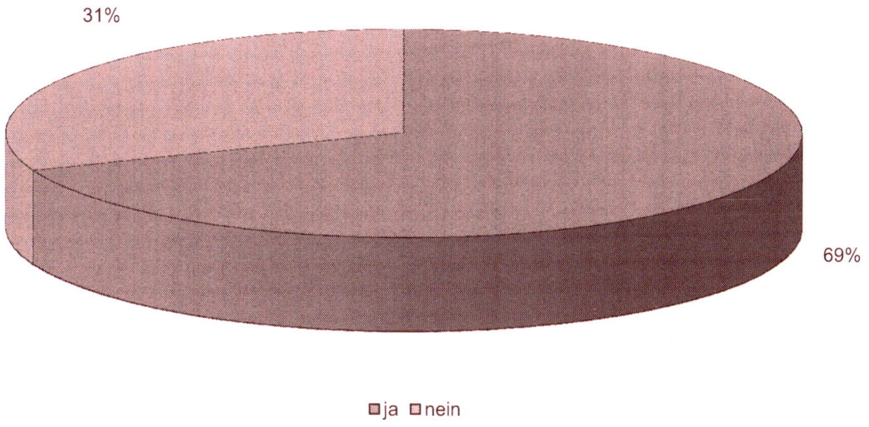

Abbildung 63: Fremdkapital-Finanzierung [N=29]

Laut den Angaben der Befragten weisen jedoch 50 Prozent [N=20] der an der Untersuchung beteiligten Unternehmen eine Eigenkapitalquote von mehr als 50 Prozent aus. Dagegen verfügen nur vier Unternehmen über einen Eigenkapitalanteil, der unter 25 Prozent liegt.

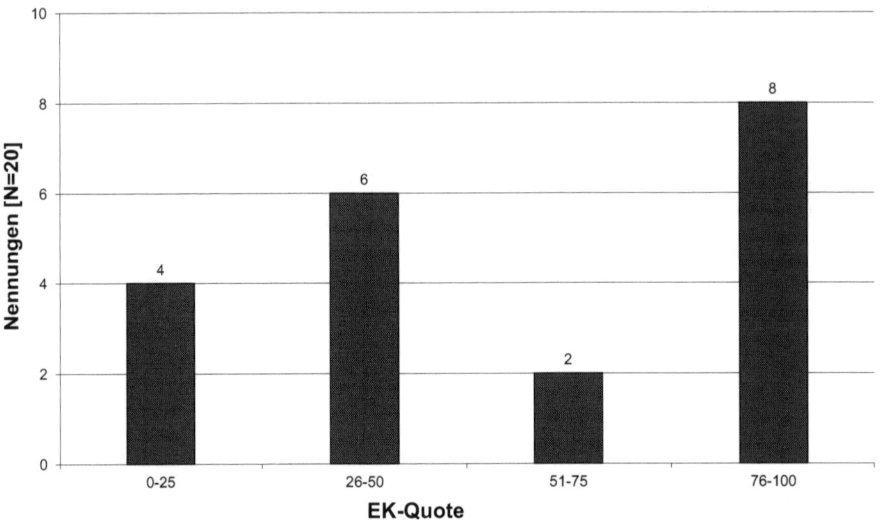

Abbildung 64: Höhe der Eigenkapitalquote in Prozent [N=20]

Eine Wechselwirkung zwischen dem Geschäftsmodell und der Kapitalstruktur beziehungsweise der Finanzierung sahen 87 Prozent der Interviewpartner als gegeben an. In der Abb. 65 wird deutlich, dass der Großteil der Befragten (n=10) dem Verhältnis positive Wechselwirkungen unterstellt. Zwei gaben an, dass es sich um negative Wechselwirkungen handeln würde und drei empfinden die Wechselwirkungen als neutral.

Picot (2008, S. 22) geht davon aus, dass die Kapitalausstattung eine notwendige Bedingung für die Umsetzung einer schlagkräftigen Investitions- und Innovationsstrategie darstellt. Dementsprechend sind mittelständische Unternehmen darauf angewiesen, fehlendes Eigenkapital durch Fremdkapital zu ersetzen, um ihr Geschäftsmodell erfolgreich umsetzen zu können.

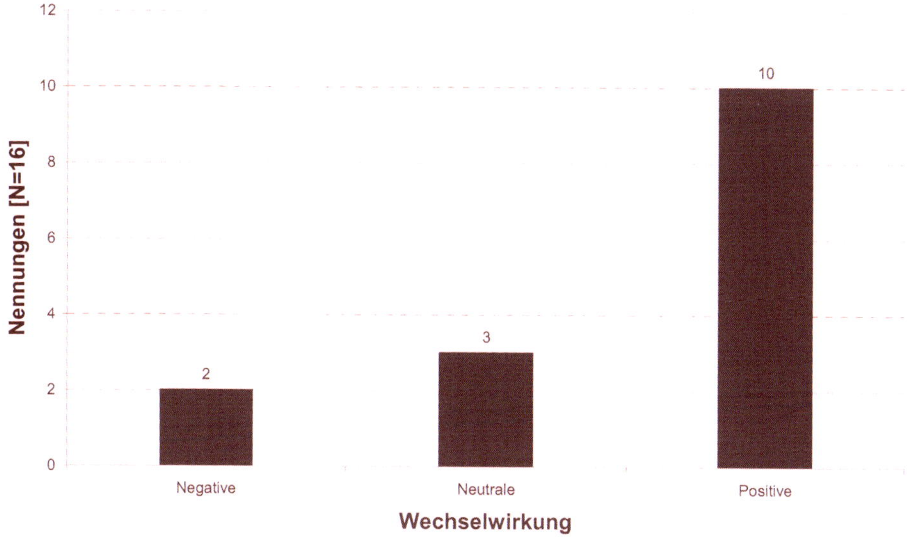

Abbildung 65: Wechselwirkung zwischen Finanzierung und Geschäftsmodell

Äußerst interessant gestaltet sich die daran anschließende Frage nach der Art der positiven Effekte der Wechselwirkung zwischen der Kapitelstruktur, der Finanzierung und dem Geschäftsmodell. Mit jeweils drei Nennungen wurden verbesserte Möglichkeiten zur Kapitalbeschaffung, eine erhöhte Krisensicherheit und bessere Versicherungspolicen als Folge einer Verbesserung der Kapitalstruktur von den Interviewpartnern genannt. Eine erhöhte Flexibilität und Unabhängigkeit, die Möglichkeit zu Erneuerungs- und Erweiterungsinvestitionen sowie eine verbesserte Auftragsakquise wurde von jeweils zwei Befragten, als positiver Effekt der Wechselwirkung, angegeben. Ein Erhebungsteilnehmer nannte die Verbesserung der Möglichkeiten zur Mitarbeiterweiterbildung.

Im Ergebnis zeigt sich, dass vor allem die Effekte der leichteren Kapitalbeschaffung sowie die erhöhte Krisensicherheit eine positive Wechselwirkung mit dem Geschäftsmodell und der Kapitalstruktur aufweisen. Hierzu erklärte ein Unternehmer, dass *„eine Wechselwirkung dahingehend existiert, dass es für mittelständische Unternehmen schwieriger ist, an liquide Mittel zu kommen“*. Er führte weiter aus, *„dass es beispielsweise für Großunternehmen problemlos möglich wäre ein Millionendarlehen zu bekommen, um ins eigene Anlagevermöge zu investieren. Für sein Unternehmen ist es schwierig, überhaupt ein Darlehen bei einer Bank zu erhalten, vor allem durch das Existieren von vorwiegend immateriellen Vermögenswerten“*. Vor allem durch die neuen Vorschriften im Zuge von Basel II hat sich die Kapitalbeschaffung für mittelständische Unternehmen erschwert. So nehmen Banken vor jeder Kreditvergabe eine Risikoeinschätzung vor und beziehen, neben der vorliegenden Kapitalstruktur auch andere Faktoren, wie beispielsweise das Geschäftsmodell eines Unternehmens, in die Analyse mit ein (vgl. *Ahrweiler/Börner* (2003), S. 22f.).

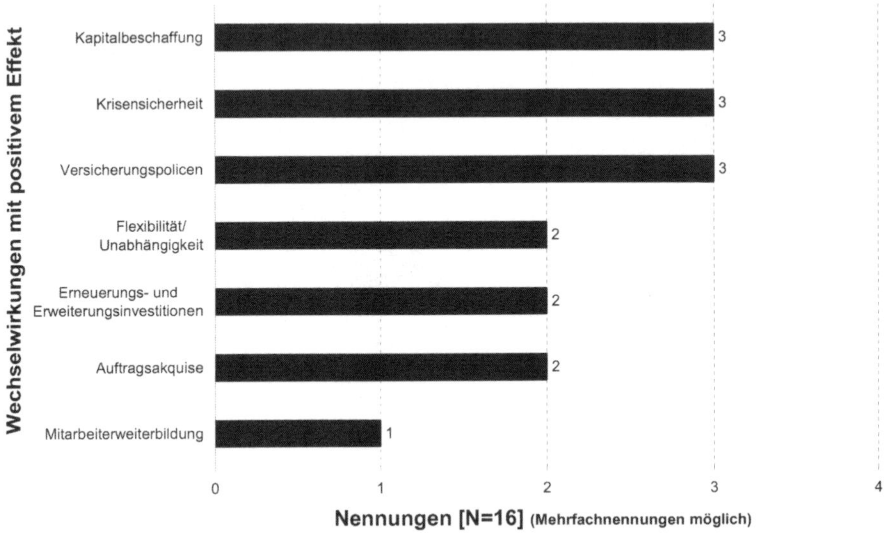

Abbildung 66: Wechselwirkungen mit positivem Effekt

Als bedeutendste Ressourcenfelder in ihrem Geschäftsmodell sahen die Unternehmensvertreter zunächst die personellen Ressourcen (n=40). An zweiter Stelle folgen die nominalen Ressourcen (n=37), unter denen das zur Verfügung stehende Kapital des Unternehmens verstanden wird, welche ebenfalls in starker Interaktion mit dem Geschäftsmodell stehen. Auch die technischen Ressourcen weisen mit 16 Nennungen eine starke Korrelation zum zugrunde liegenden Geschäftsmodell auf. Die intangiblen (n=8) und rechtliche Ressourcen (n=1) werden von Geschäftsmodell dagegen eher weniger beeinflusst.

Neben den finanziellen Ressourcen kann auch dem Personal eine zunehmende Bedeutung für den Erfolg des Unternehmens zugeschrieben werden, da durch Mitarbeiter Wissen gebunden wird, welches für die erfolgreiche Ausübung der Geschäftstätigkeit notwendig ist, „so dass der Mensch als Wissensträger zum entscheidenden Wettbewerbsfaktor wird" (*Prezewowsky* (2007), S. 33). Die hohe Bedeutung der personellen Ressourcen ist auf den wesentlichen Unterschied der Personalstruktur zwischen mittelständischen Unternehmen und Großunternehmen zurückzuführen. Im Mittelstand besteht eine direkte Kommunikation bedingt durch flachere Hierarchien sowie hieraus resultierende erhöhte Flexibilität. Gleichzeitig ist der Einfluss des einzelnen Mitarbeiters auf die Gesamtorganisation deutlich höher und dessen richtiger Einsatz umso wichtiger (vgl. *Wrede* (2009), S. 66). So beschrieb ein Befragter kurz und prägnant, dass *„die wichtigste Ressource in seinem Unternehmen die Ingenieure sind“*. Ein anderer erläutert, *„dass die wesentlichste Ressource die Mitarbeiter, die auch direkten Einfluss auf die Wechselwirkung zwischen Ressourcenstruktur und Geschäftsmodell haben, für ihn darstellen. Die Problematik besteht jedoch darin, dass genau diese nicht ausreichend vorhanden ist und zur Sicherung des Nachwuchs, deshalb zahlreiche Auszubildende beschäftigt werden müssen“*.

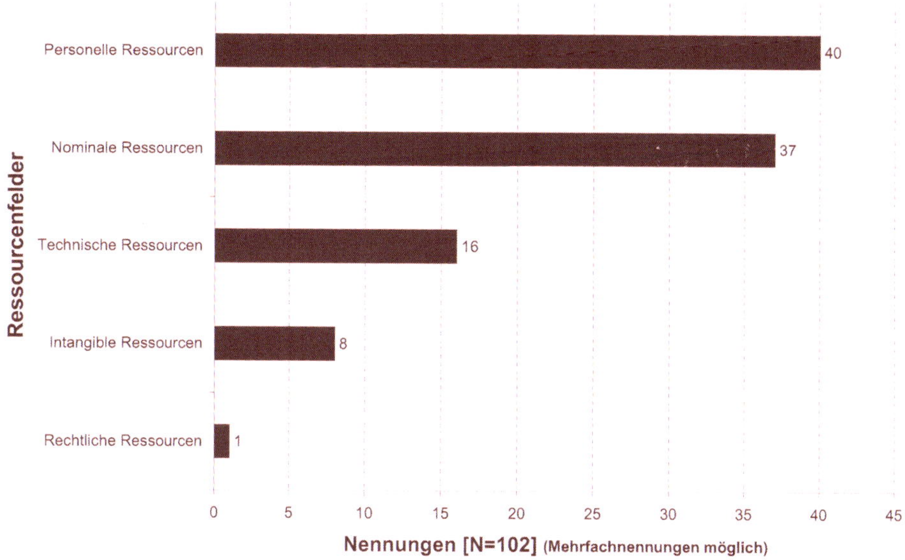

Abbildung 67: Bedeutende Ressourcenfelder

In einer weiteren Frage wurden die Interviewten gebeten, konkrete Beispiele für die Auswirkung des Geschäftsmodells auf die technischen und intangiblen Ressourcen zu geben.

Bei den technischen Ressourcen führten die meisten Befragten einen Einfluss des Geschäftsmodells auf die Anlagen und Maschinen (n=15) auf. Gebäude (n=4) sowie Informations- und Kommunikationssysteme (n=3) nehmen nur eine untergeordnete Rolle ein.

Bei den immateriellen Vermögenswerten der Unternehmen, den sogenannten intangiblen Ressourcen, wurde dem Know-how (n=4) sowie dem Stand der Forschung und Entwicklung (n=3) eine erhöhte Aufmerksamkeit beigemessen.

Die Studie verdeutlicht damit, dass vor allem die technischen Ressourcen, insbesondere die Anlagen und Maschinen, eine als bedeutsamim Hinblick auf ein Geschäftsmodell einzuordnen sind. Gleichzeitig zeigt sich auch, dass die intangiblen Ressourcen eine eher untergeordnete Rolle einnehmen. Dieses Ergebnis resultiert aus der hohen Kapitalbindung von Anlagen und Maschinen und begründet gleichzeitig den hohen Stellenwert, den die nominalen Ressourcen in mittelständischen Unternehmen einnehmen. Ein Interviewpartner erklärte, dass *„neben der zentralen Humanressource das Gebäude sowie die Fahrzeugflotte bedeutsame Ressourcen für das Unternehmen darstellen"*. Er ergänzt aber, dass *„das Gebäude nur bedingt zu den unternehmenseigenen Ressourcen zurechenbar ist, da es zu 90 % fremdfinanziert ist"*.

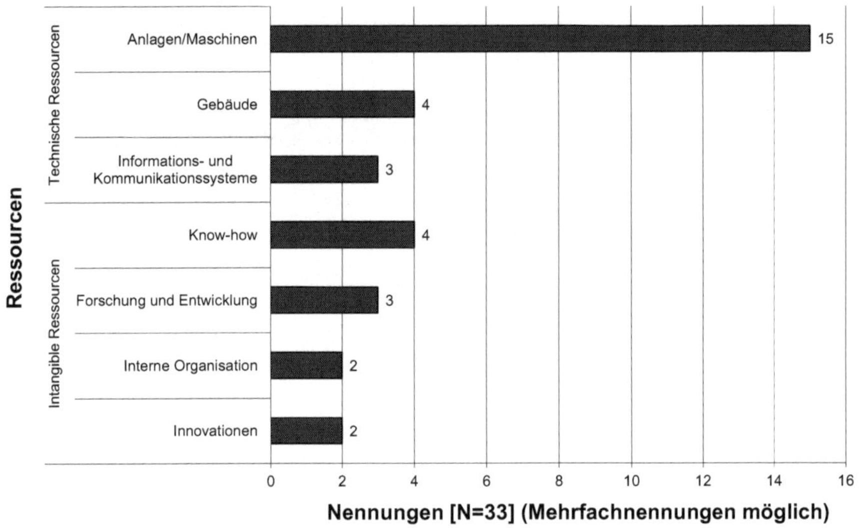

Abbildung 68: Beispiele für ausgewählte Ressourcen

Insgesamt kann als Ergebnis der Studie festgestellt werden, dass trotz der hohen Eigenkapitalausstattung der Ressourcenausstattung bei mittelständischen Geschäftsmodellen eine bedeutsame Rolle zugesprochen wird.

Eine Verbesserung der Kapitalstruktur führt, nach Aussage der Interviewten, zu einer Verbesserung der Möglichkeiten bei der Kapitalbeschaffung, der Krisensicherheit sowie den Konditionen bei den Versicherungen.

Vor allem bei den personellen und den nominalen Ressourcen kann eine starke Wechselwirkung zum Geschäftsmodell festgestellt werden. Dies hängt einerseits mit der besonderen Personalstruktur im Mittelstand und anderseits mit der hohen Kapitalintensität von Anlagen und Maschinen zusammen.

Fallbeispiel

Das Unternehmen

Das Unternehmen ist in der Branche Automation und Robotik tätig und verfügt über einen Standort in Deutschland sowie weitere Standorte im Ausland. Mit seinen 450 Mitarbeitern bedient das Unternehmen drei Märkte, wobei sie auf einem dieser Märkte als Weltmarktführer auftreten.

Die Produkt-Markt-Kombination des Geschäftsmodells aus Sicht des Geschäftsführers

„Die Kapitalstruktur gestaltet sich bei uns folgendermaßen: Die Eigenkapitalquote liegt bei 40 Prozent, das Unternehmen verfügt über Bankdarlehen in Höhe von 20 Prozent und Verbindlichkeiten gegenüber anderen Kreditoren in Höhe von 40 Prozent. Zwischen unserem Geschäftsmodell und der Ressourcenstruktur bestehen vielfältige Wechselwirkungen. Wir betrachten unsere Mitarbeiter als unsere wichtigste Ressource, denn für unser Geschäftsmodell ist es essentiell, die richtigen Mitarbeiter zu rekrutieren und langfristig zu halten, um lange Einarbeitungszeiten zu vermeiden. Dafür bieten wir unseren Mitarbeitern ein hohes Maß an Eigenverantwortung, eine gute Unternehmenskultur, einen „Chef zum Anfassen" und interessante Aufgaben, um mit anderen Arbeitgebern, die eventuell monetär mehr bieten können, mitzuhalten."

5.7 Organisation, Kultur und Unternehmertum

5.7.1 Organisation

Als zentrale Verbindung aller oben genannten Einzelelemente hat sowohl die formale als auch die informale Organisation (Unternehmenskultur) sowie die Unternehmensführung eine zentrale Signifikanz bei der Beschreibung und Ausgestaltung von Geschäftsmodellen (vgl. *Umbeck* (2006), S. 63).

Treffend umschreibt etwa *Macharzina/Wolf* (2010) die Organisation in diesem Zusammenhang als „Grundgerüst für das Zusammenwirken von Personen, Sachmittel und Informationen im Beziehungsgefüge zwischen Unternehmen und Umwelt" (*Macharzina/Wolf* (2010), S. 467). In seiner Gesamtheit ist der Organisationsbegriff als ein abstraktes Phänomen zu verstehen, welches sowohl in einer formellen, also durch schriftliche und explizit vereinbarte Regelungen bewusst gemachten, als auch in einer informellen Form, im Sinne kultureller Handlungsleitlinien, im Unternehmenskontext existiert.

Ferner lässt sich der Organisationsbegriff neben dessen Formalisierungsgrad anhand der gewählten Betrachtungsperspektive differenzieren. Hier kann insbesondere zwischen einem institutionellen sowie einem instrumentalen Begriffsverständnis unterschieden werden. Fokussiert der institutionelle Organisationsbegriff primär die Sichtweise, dass ein Unternehmen eine Organisation ist und entsprechend betrachtet werden sollte, so verweist der instrumentale Organisationsbegriff darauf, dass ein Unternehmen eine Organisation besitzt, die entsprechend dem Unternehmenszweck gestaltet werden kann und soll. Die folglich als Instrument verstandene Unternehmensorganisation kann dabei sowohl durch Aufgabenverteilung (Spezialisierung) sowie durch die damit einhergehende Aufgabenkoordination für die übergeordnete Zielerreichung eingesetzt werden (*Mintzberg* (1979), S. 66).

Im Sinne der Verteilung und Koordination der im Unternehmen anfallenden Aufgaben können beispielsweise die generischen Prinzipien der Linien-, Funktions- oder Matrix-Organisation unterschieden werden (*Klimmer* (2007), S. 53ff.). Das Prinzip der Linienorganisation soll dabei die im Unternehmen vorherrschenden Weisungsbefugnisse, Kompetenzen und Verantwortlichkeiten regeln. Beispielsweise sieht das Einliniensystem eine streng hierarchische Verantwortlichkeitszuweisung vor, indem jeder Mitarbeiter lediglich einem direkten Vorgesetzten zu berichten hat (*Kieser/Walgenbach* (2010), S. 128). Dagegen stellt die funktionale Organisation eine Kombination aus Liniensystem und einer Aufgabendifferenzierung nach dem Verrichtungsprinzip vor (*Macharzina/Wolf* (2010), S. 485), wobei hier die Aufgabendifferenzierung prinzipiell auch nach anderen Kriterien vorgenommen werden kann. Als Beispiel kann hier etwa eine Spartenorganisation erwähnt werden. Eine Matrixorganisation wiederum versucht mittels Kombination mehrerer Aufgabendifferenzierungskriterien eine zielführende Unternehmensstruktur zu schaffen. Diese

Mehrdimensionalität kann sich etwa aus der Kombination von Verrichtungs- und Spartenverteilung ergeben. Es soll so weitgehend auf stark zentralisierte Linienhierarchien und die sich daraus ergebenden Nachteile verzichtet werden.

Im Folgenden wird nun aufbauend auf dem instrumentalen Organisationsbegriff die formale Organisation als bewusst geschaffene Ordnung verstanden, mit der bestimmte Ziele des Unternehmens erreicht werden sollen (vgl. *Thommen/Achleitner* (2006), S. 769). Insbesondere die Verteilung der Entscheidungskompetenzen sowie der zu verrichtenden Aufgaben stehen dabei im Zentrum der folgenden Analyse.

Im Sinne einer komparativen Strukturanalyse wurde dafür zunächst der Zentralisierungsgrad, also die linienorientierte Ausrichtung, der beteiligten Unternehmen erfragt (vgl. hierzu auch *Schreyögg* (2008), S. 50ff.). Hierbei ist ersichtlich, dass Entscheidungskompetenzen vornehmlich dezentral auf die einzelnen Entscheidungsträger verteilt werden (n=15). So beschreibt ein Befragter, dass „*Führung weitestgehend vermieden [wird] und [...] nur dort statt[findet], wo Abstimmung zwingend notwendig ist.*“

Darüber hinaus erklärt ein anderer Interviewpartner: „*So werden Probleme nicht über Hierarchieebenen gelöst, sondern zwischen den betreffenden Mitarbeitern. Nur im Ausnahmefall werden die Vorgesetzten hinzugezogen [...].*“ Eine zentralisierte Entscheidungsverteilung hat mit nur fünf Nennungen einen vergleichsweise geringen Verbreitungsgrad. In vier Fällen wurde ein ausgewogenes Verhältnis der Entscheidungskompetenzverteilung artikuliert. Die Förderung von Innovationen (n=5) als auch eine gesteigerte Anpassungsfähigkeit an eine sich wandelnde Umwelt (n=4) wurden dabei als zentrale Gründe des jeweiligen Zentralisierungsgrades angeführt. „*Ein Überspringen der Hierarchie führt nicht zum Todesurteil. Generell verleiht das eine größere Flexibilität*“ konstatiert ein Befragter die Vorteile der eigenen flachen Hierarchie.

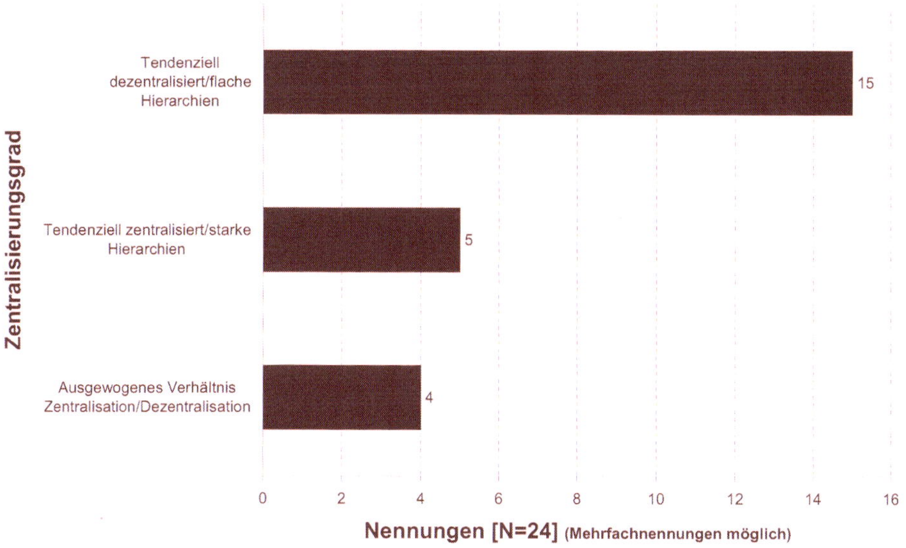

Abbildung 69: Zentralisierungsgrad

Hinsichtlich der Aufgabenverteilung folgen die meisten der befragten Unternehmen dem klassisch funktionalen Organisationsprinzip mit neun Nennungen. Als Begründung für die Wahl der funktionalen Aufgabenverteilung führen Unternehmen insbesondere deren einfache Verständlichkeit für Mitarbeiter und Wertschöpfungspartner sowie eine klare Verantwortungszuweisung. So sieht ein Interviewpartner *„das Ziel dieser funktionalen Aufbauorganisation [darin], eine klare Unternehmensstruktur mit kurzen Entscheidungswegen*" zu generieren. *„Managementprozesse und dementsprechend auch Führungsprozesse können nur gut funktionieren, wenn Verantwortlichkeiten klar definiert sind*", begründet ein Befragter die funktionale Ausgestaltung der eigenen Organisation. Andere Verteilungsmöglichkeiten wie etwa nach Regionen, Divisionen als auch alternative Organisationsformen wie Stabstellen- oder Matrixorganisationen wurden nur jeweils zweimal genannt.

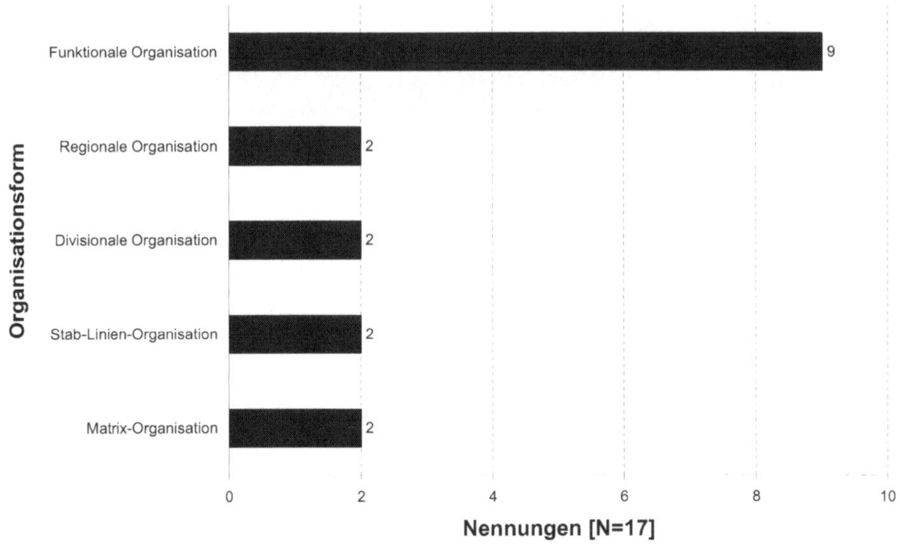

Abbildung 70: Organisationsformen

5.7.2 Unternehmenskultur

Wie bereits dargelegt, ist die Organisation eines Unternehmens kein allein auf formalen Regelungen und Strukturen basierendes Konstrukt. Durch die zwischenmenschliche Interaktion der Unternehmensmitglieder untereinander spielen sogenannte *„weiche"*, d.h. kulturelle Faktoren eine signifikante Rolle bei der Beschreibung und Funktion einer betrieblichen Organisation (vgl. *Umbeck* (2006), S. 63)
Der dabei aus der Ethnologie entlehnte Kulturbegriff beschreibt im Unternehmenskontext spezifische neben explizit formulierten Regelungen stehende, unverwechselbare Vorstellungs- und Orientierungsmuster, die das Verhalten der Unternehmensmitglieder nachhaltig prägen und lenken (vgl. *Schreyögg* (2008), S. 363). *Schein* definiert die Kultur dabei als *„Summe aller gemeinsamen, selbstverständlichen Annahmen, die eine Gruppe in ihrer Geschichte erlernt hat."* (vgl. *Schein* (2003), S. 44)
Prinzipiell umfasst die Unternehmenskultur dabei alle von den Mitarbeitern getragenen und akzeptierten Grundannahmen, Werte und Normen (vgl. *Steinle* (2005), S. 98 ff.), ohne dass diese in irgendeiner Form schriftlich festgehalten oder extrinsisch sanktioniert werden müssen. Durch ihren handlungsleitenden Charakter steuert eine existierende Unternehmenskultur das Verhalten der Mitarbeiter, was sich folglich indirekt auf die Art und Weise der Unternehmenszielerreichung auswirkt. Im Sinne reziproker Wechselwirkungen wirken sich die kulturell geteilten und akzeptierten Grundannahmen, Werte und Normen wiederum auf die Akzeptanz und den Erfolg von strategischen, organisatorischen sowie sonstigen führungsbezogenen Entschei-

dungen aus und sollten deswegen einer spezifischen Betrachtung zum Verständnis eines existierenden Geschäftsmodells unterzogen werden.
Die eigene Unternehmenskultur beschreibend verweist ein Großteil der befragten Unternehmen auf einen familiären (n=6), einen langfristigen (n=4) sowie einen regionalen Charakter (n=3). Weiter wurden die eigenen Unternehmenskulturen mit jeweils zwei Nennungen als authentisch, vertrauensvoll und offen bezeichnet. Team- oder aufgabenorientiert sowie fair wurden jeweils einmal genannt. Ein Interviewpartner besitzt seiner Aussage nach eine„*[...] stark familiär, persönlich und regional geprägte Unternehmenskultur, die von gegenseitiger Wertschätzung, aber auch von hohen Anforderungen geprägt ist [...].*“ Dabei erleichtert *„das offene, vertrauensvolle und ehrliche Miteinander [...] die Zusammenarbeit [...].*“ Allerdings beklagt ein befragter Interviewpartner, dass *„die einst sensationelle gute Kultur, [...] dem steigenden Druck des Marktes zum Opfer gefallen*“ ist.

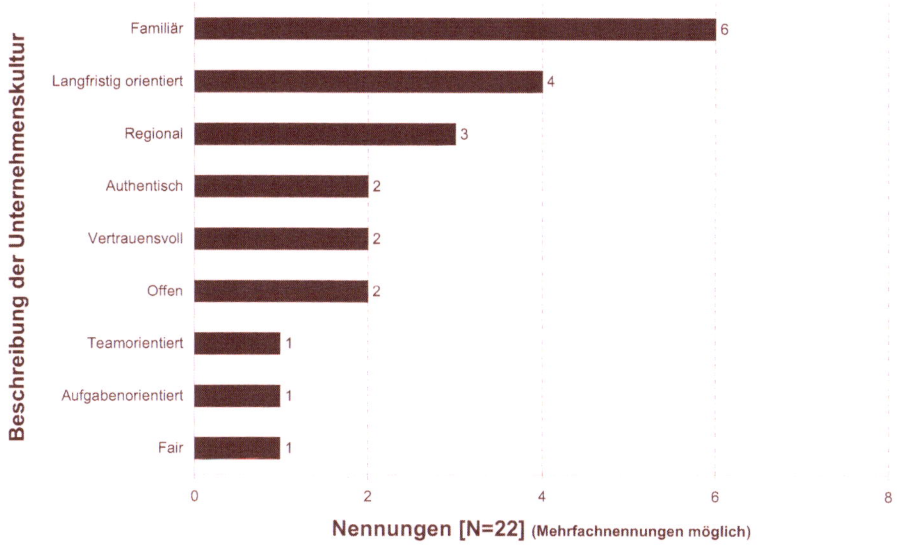

Abbildung 71: Beschreibung der eigenen Unternehmenskultur

5.7.3 Führung und Führungsstil

Wie bereits erwähnt stehen Unternehmenskultur und -führung in einer engen Wechselbeziehung zueinander. Einerseits können Führungskräfte neue Leitlinien und Normen in ein Unternehmen hineintragen und so die kulturelle Ausrichtung des Unternehmens beeinflussen (vgl. *Franken* (2010), S. 210). Auf der anderen Seite sind akzeptierte Führungskräfte und Führungsverhalten ein Ausdruck der dahinter befindlichen Grundannahmen und Werte der Mitarbeiter (vgl. *Schreyögg* (2008), S. 371).

Die verhaltensbezogene Leitung bzw. Führung i.e.S. kann dabei neben der sachbezogenen Gestaltung und Lenkung als grundlegende Teilfunktion der übergeordneten Unternehmensführung gesehen werden (vgl. *Becker* (2010), S. 28) und wird nach *Franken* (2010, S. 257) in einem modernen Verständnis als „*gegenseitige interpersonale Einflussnahme, Interaktion und permanente Gestaltung einer Unternehmensrealität zur gemeinsamen Zielerreichung*" beschrieben.

Zentral für eine erfolgreiche Führung - im Sinne des sogenannten Managerial Grids nach *Blake/Mouton* (1980, S. 439) (vgl. auch *Thommen/Achleitner* (2006), S. 911ff.) - ist der durch die Führungskraft verwendete Führungsstil, der im Folgenden als typische, wiederkehrende Verhaltensweise der Führungskraft verstanden werden soll (vgl. *Franken* (2010), S. 263). Zur Beschreibung unterschiedlicher Führungsstile differenzieren etwa *Blake/Mouton* idealtypisch zwischen den Dimensionen der Aufgaben- sowie der Personenorientierung. Die Extremausprägung der reinen Aufgabenorientierung versteht dabei Führung unter der übergeordneten Maxime der Aufgabenerfüllung. Das Befinden des Mitarbeiters wird hierbei ausgeblendet. Im gegenteiligen Fall der reinen Mitarbeiter- oder Personenorientierung werden primär nur die Bedürfnisse der Mitarbeiter fokussiert, wobei die Aufgabenerfüllung nur nebensächlichen Charakter hat. *Blake/Mouton* sehen allerdings in den jeweiligen Dimensionen lediglich Idealtypen, die kaum der Realität entsprechen. Vielmehr fassen sie die jeweilig praktizierten Führungsstile als Mischtypen mit Tendenzen zu entweder Personen- oder Aufgabenorientierung auf. Werden in diesem Zusammenhang die Antworten der befragten Interviewpartner betrachtet, so bezeichnen 18 Führungskräfte ihren praktizierten Führungsstil als vornehmlich personenorientiert. Die Aufgabenorientierung ist im Gegensatz dazu mit nur einer Nennung sehr schwach ausgeprägt.

Nach *Wunderer* (2006) verläuft dabei die Entwicklung unterschiedlicher Führungsstile parallel zur Entwicklung gesellschaftlicher Werte. In diesem Zusammenhang beschreibt er die Entwicklungsstufen unterschiedlicher Führungsstile anhand drei verschiedener idealtypischer Führungskonzepte (vgl. *Wunderer* (2006), S. 170 ff.). Die erste Stufe der Entwicklung umfasst dabei einen autoritär-zentralistischen Führungsstil, in welchem die zu Führenden als Untergebene angesehen werden und durch Kommando, Kontrolle und Korrektur zu führen sind. Darüber hinaus sieht das konsultativ-kooperative Konzept die zu Führenden als Mitarbeiter an, welche mittels Kommunikation, Kooperation und Koordination zur Erreichung gemeinsamer Ziele gebracht werden sollen. Als letzte evolutionäre Stufe sieht Wunderer das kooperativ-delegative Führungskonzept: Hier werden zu Führende als Partner bzw. Mitunternehmer angesehen, die durch Förderung, Forderung und Feedback zu optimaler Leistung gebracht werden können.

In der vorliegenden Befragung äußerten die befragten Interviewpartner insbesondere einen verantwortungsdelegierenden (n=14) als auch einen kommunikativ-transparenten Führungsstil (n=11) zu verfolgen. Ein Interviewpartner führt an, dass „*persönlicher Kontakt und rege Kommunikation zwischen den Führungskräften [...]*

aufgrund der dezentralen Anordnung das A und O" seien. Die geringe Signifikanz formalisierter Führung begründet ein Befragter wie folgt: *„Ich nehme Abstand von zu vielen Vorschriften, wie sie in großen Unternehmen vorhanden sind, um meine Mitarbeiter zu Innovationen zu bewegen.*"

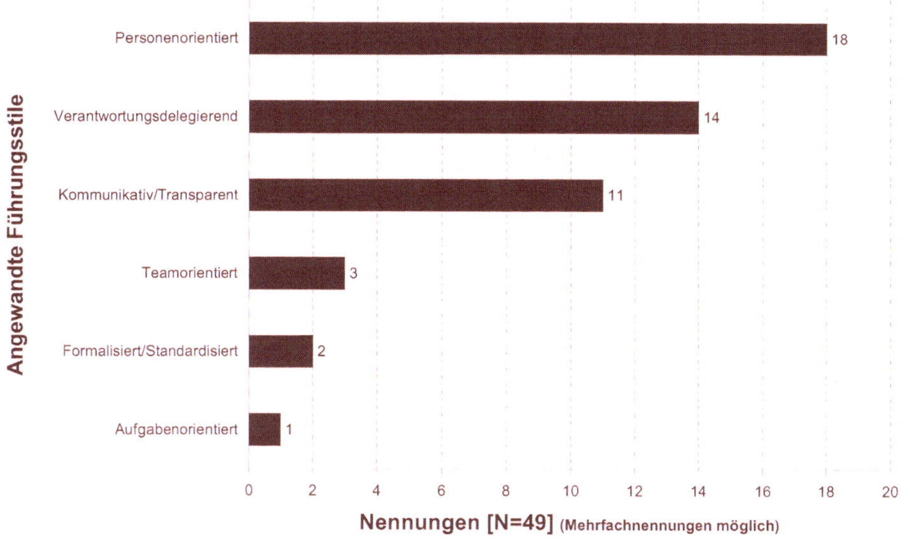

Abbildung 72: Führungsstil der befragten Interviewpartner

Als Begründung für die Wahl ihres Führungsverhaltens soll dieser insbesondere die Identifikation mit dem Unternehmen sowie die Motivation und Kreativität der Mitarbeiter fördern. So betont ein Interviewpartner die *„[...] Individualtität seiner Mitarbeiter. Dies ermöglicht die Generierung von Ideen und bildet die Basis zur Neugestaltung.*" Entsprechend erwähnt ein anderer Befragter, dass *„die Gleichstellung aller Mitarbeiter und eine Du-Kultur [...] ein kreatives Mitdenken aller Mitarbeiter [ermöglichen] und [...] zudem ein angenehmes Arbeitsklima [schaffen].*" Weitere Gründe für den gewählten Führungsstil sind ferner die Förderung von Teamaktivitäten sowie der Flexibilität mit drei Nennungen, die Förderung von Vertrauen mit zwei Nennungen als auch eine verbesserte Entscheidungsdurchsetzung mit einer Nennung.

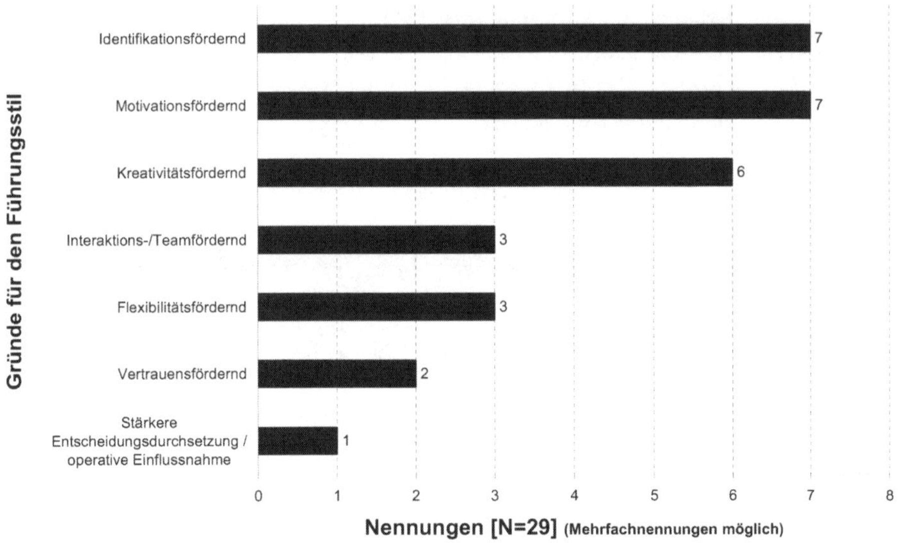

Abbildung 73: Begründung des gewählten Führungsstils

Sofern die befragten Interviewpartner sich Führungsrollen zuordneten, erkannten sie sich hauptsächlich in der Rolle der Gallions- bzw. Vorbildfigur (n=6) wider, welche sie verpflichtet, das geforderte Verhalten selbst nach innen und außen täglich vorzuleben und zu verkörpern.

Im Einklang mit den gewonnen Erkenntnissen kann dabei die Motivation der Mitarbeiter als eine der wichtigsten, aber zugleich schwierigsten Aufgaben einer Führungskraft angesehen werden (vgl. *Franken* (2010), S. 80). Motivation behandelt im Wesentlichen die Frage des *„Warum"* einer Handlung. Dabei gilt es bei der Betrachtung handlungsleitender Anreize zu beachten, dass diese sowohl außerhalb der Aufgabe im Ergebnis der Tätigkeit (extrinsisch) als auch durch die Aufgabe selbst gegeben sein können (intrinsisch). Das Wort intrinsisch betrifft dabei den Vollzug der Tätigkeit, während extrinsisch auf den beabsichtigten Effekt der Tätigkeit fokussiert (vgl. *Rheinberg* (2006), S. 333).

Betrachtet man die verwendeten Motivationsmechanismen der hier befragten Unternehmen, so kann man sehr deutlich feststellen, dass insbesondere die intrinsische Motivation gefördert werden soll. Die Möglichkeit der Eigenverantwortung (n=12), des Ideenaustauschs (n=10) sowie der Aus- und Weiterbildung (n=5) sind typische Mechanismen der Förderung des inneren Antriebs und der Bereicherung der eigentlichen Aktivität (vgl. *Franken* (2010), S. 85). Über die genannten Motivationsmechanismen hinaus versuchen die befragten Unternehmen zudem Anreize mittels Sozialleistungen (n=5) und der Arbeitsplatzgestaltung (n=3) zu schaffen. So führt ein Befragter an: „*Um dies sicherzustellen, sorgen wir für gute Arbeitsbedingungen, eine gute Ausbildung und nehmen die Interessen der Mitarbeiter wahr.*" Rein extrinsische Anreize wie erfolgsabhängige Vergütung haben nur zwei Unternehmen explizit erwähnt. Komplettiert werden die verwendeten Motivationsmechanismen durch außerberufliche Aktivitäten (n=2), formalisierte Leitbilder, d Vorleben der Führung, der Identifikation mit dem eigenen Produkt als auch durch unternehmensinterne Konkurrenz (jeweils eine Nennung).

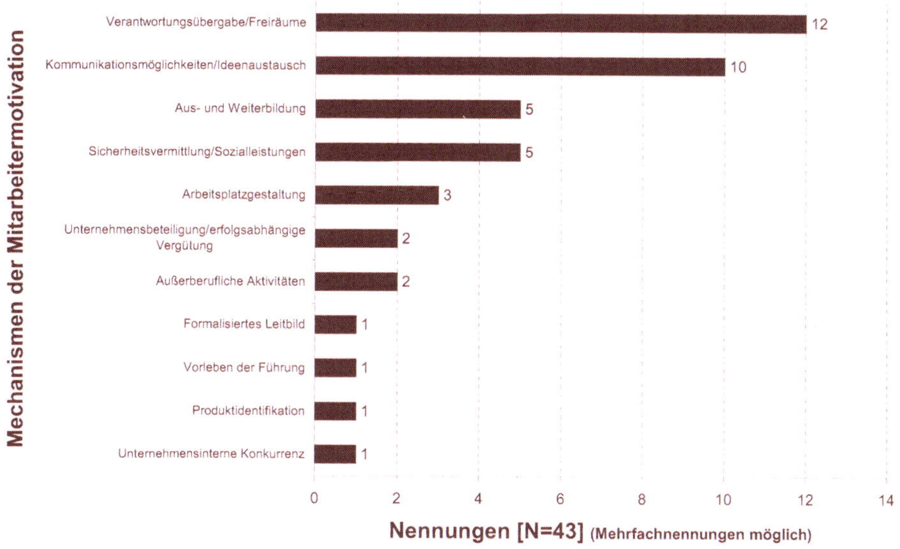

Abbildung 74: Motivationsmechanismen

Zusammenfassend kann die organisatorische Entscheidungskompetenz und Aufgabenverteilung als vorwiegend dezentral und nach Funktionsbereichen geordnet beschrieben werden. Ein Befragter führt an, dass wichtige Entscheidungen „*[...] bis zur Kompromissfindung diskutiert [werden]*“ und deswegen „*von allen Mitgliedern [...] mitgetragen*“ werden. Allerdings kann in Anbetracht der sehr dezentral verteilten Entscheidungskompetenzen eine stark funktional ausgerichtete Organisationsstruktur Interessens- und Zielkonflikte zwischen den einzelnen Teilbereichen als auch mit den übergeordneten Unternehmenszielen hervorbringen. Langwierige Entscheidungsprozesse und damit verbundene Reibungsverluste können nur durch erheblichen formellen oder informellen Koordinationsaufwand kompensiert werden (vgl. *Thommen/Achleitner* (2006), S. 818f.).

Als informeller Koordinationsmechanismus gilt gemeinhin die im Unternehmen vorherrschende Unternehmenskultur. Die befragten Unternehmen bezeichnen ihre Kultur dabei als überwiegend familiär, langfristig und regional geprägt. Vorteil familiärer Kulturen und den damit verbundenen Werten wie Loyalität, Sicherheit, Tradition und Vertrauen ist einerseits das dadurch eingeforderte hohe Commitment der Belegschaft, welche vor allem in wirtschaftlich schlechten Zeiten die Überlebensfähigkeit des Unternehmens sicherstellen kann. Im Gegenzug nimmt die Vermittlung von Sicherheit und Vertrauen dem Mitarbeiter die Angst vor Fehlern, was im Umkehrschluss ausschlaggebend für die Bereitschaft ist, innovative und neuartige Ideen zu generieren.

Allerdings können darüber hinaus diese Werte die grundlegenden Nachteile starker Kulturen, wie Starrheit und Abneigung gegenüber Wandel, weiter verstärken. Insbesondere das Festhalten an Tradition und Sicherheit ist in einem komplexen Unternehmensumfeld nur schwerlich mit der notwendigen Flexibilität und Anpassungsfähigkeit vereinbar. Ein Interviewter führt in diesem Zusammenhang an, dass sich „*die firmeneigene Mentalität [...] schon für manchen Neueinsteiger als unüberwindbares Hindernis erwiesen*" hat.

Hinsichtlich des Führungsstils bezeichnet sich der Großteil der befragten Interviewpartner als personenorientiert mit starkem Fokus auf Verantwortungsdelegation sowie Transparenz und Kommunikation. Charakteristisch für eine starke Personenorientierung ist nach *Blake/Mouton* (1981, S. 441) dabei eine hohe Rücksichtnahme der Mitarbeiterbedürfnisse und ein damit hervorgerufenes gemächliches, aber freundliches Betriebsklima und Arbeitstempo (vgl. *Thommen/Achleitner* (2006), S. 912). Die Aufgabe selbst kann dabei jedoch oftmals in den Hintergrund treten (vgl. *Franken* (2010), S. 265). So beklagt ein Befragter, dass „*[...] er gleichermaßen wirtschaftliche und pädagogische Leitung in seinen Händen [vereint]. Diese beiden Aufgaben sind kaum unter einen Hut zu bringen. Aufgrund der Vielzahl unterschiedlicher Aufgaben und Verantwortlichkeiten, ist zu bedenken, dass an mancher Stelle deshalb Management-Aufgaben zu kurz kommen.*"

Ordnet man die Aussagen der hohen Verantwortungsdelegation und starken Kommunikativität den idealtypischen Führungskonzepten nach *Wunderer* (2006, S. 170f.) zu (*Wunderer* unterscheidet hierbei zwischen autoritär-zentralistischen, konsultativ-kooperativen sowie kooperativ-delegativen Führungskonzepten), so befindet sich der am häufigsten angewandte Führungsstil zwischen einem konsultativ-kooperativen und einem kooperativ-delegativen Konzept und grenzt sich deutlich von einem autoritär-zentralisierten Konzept ab. In der Literatur sind kooperative Führungsstile der postindustriellen Wissensgesellschaft geschuldet und sollen hochqualifizierten Mitarbeitern die Möglichkeit der Selbstentfaltung offerieren (vgl. *Franken* (2010), S. 256). Steigende Motivation sowie verstärkte Unternehmensidentifikation führen in der Folge zu notwendigen Produktinnovationen und Leistungssteigerungen. Aufgrund der sehr kooperativen und dezentralen Führung wird gegenüber den Mitarbeitern aber oftmals „*viel Wert auf Verlässlichkeit*" gelegt, und falls nötig „*auf die Umsetzung der Anweisungen*" bestanden. Ein Anderer weist trotz sehr delegativen Führungsstils darauf hin, „*dass das Unternehmen nicht der Bundestag sei. Es gebe Bestimmungen, die vorgegeben werden und die befolgt werden müssen.*"

Im Einklang mit dem praktizierten Führungsstil verwenden die meisten befragten Unternehmen vorwiegend Mechanismen zur Förderung einer sogenannten intrinsischen Motivation. Im Zuge begrenzter Ressourcen und der Notwendigkeit ständiger Produktinnovationen kann dieser Fokus hohes Commitment garantieren, ohne durch kostspielige monetäre Anreize kompensiert werden zu müssen.

Fallbeispiel

Das Unternehmen

Das Unternehmen wurde im Jahr 2004 gegründet und ist in der Futtermittel-Branche tätig. Es beschäftigt insgesamt 30 Mitarbeiter an einem Standort im Inland.

Die Konfiguration der Wertschöpfung aus Sicht des Geschäftsführers

„Unser Unternehmen zeichnet sich durch eine persönlich geprägte Unternehmenskultur aus, in der sich die Gesellschafter seit über 30 Jahren privat kennen. Verstärkt wird dieses dadurch, dass die Gesellschafter auch einen Teil ihrer Freizeit miteinander verbringen. Insgesamt treten Konflikte zwischen Geschäftsführung und den Gesellschaftern im Unternehmen nur sehr selten auf.

Bezüglich der Hierarchie gab es schon von Anfang an eine klassische Top-Down-Hierarchie, die jedoch durch Interventionen von einzelnen Gesellschaftern empfindlich gestört wurde. Die Folge daraus war, dass sich die Mitarbeiter unschlüssig waren, welchen Anweisungen zu folgen war. Dies führte folglich zu einer Verlangsamung der notwendigen Führungsprozesse. Seitdem wurden die Kompetenzen zwischen Geschäftsführung und Gesellschaftern genau festgelegt.

Anregungen zur Verbesserung von Prozessen werden bei uns durch eine ergänzende Bottom-Up-Hierachie möglich. Produktionsmitarbeiter haben beispielsweise jederzeit die Möglichkeit, bei mir ein Gespräch zu suchen, um ihre Anregungen verdeutlichen zu können. Hier spielen flache Hierarchien eine wichtige Rolle, da sie die Grundvoraussetzung für schnelles und effektives Handeln darstellen. Weiterhin ist auch die Mitarbeiterbeteiligung als eine Voraussetzung für eine hohe Motivation zu nennen."

6 Erfolgswirkung von Geschäftsmodellen

Nach der Betrachtung verschiedener Elemente mittelständischer Geschäftsmodelle stellt sich abschließend die Frage nach der Erfolgswirkung von Geschäftsmodellen. Zur Beantwortung dieser Fragestellung, wurden die interviewten Geschäftsführer bzw. Firmenmitglieder gebeten, eine Einschätzung zur Erfolgswirkung vorzunehmen und in einem zweiten Schritt spezifische Elemente sowie deren Erfolgsbeitrag zu identifizieren. Im gleichen Zusammenhang wurden sie aufgefordert, Ausprägungen von Geschäftsmodellen zu benennen, die besonders erfolgsförderlich oder misserfolgsträchtig sind. Abschließend wurden die Auswirkungen eines Geschäftsmodells auf den Unternehmenserfolg evaluiert.

6.1 Existenz einer Erfolgswirkung von Geschäftsmodellen

Der vorliegende Themenkomplex widmet sich der Betrachtung der Erfolgswirkung von Geschäftsmodellen. So wichtig eine Erfolgsevaluation des Geschäftsmodells ist, so schwierig gestaltet sich die Operationalisierung des Begriffs Erfolg (vgl. *Wältermann* (2008), S. 15). Aus der Vielzahl an Definitionsversuchen wurde derjenige ausgewählt, der den Zielsetzungen der Untersuchung am ehesten entspricht. In Anlehnung an *Becker/Benz* (1997, S. 600) wird Erfolg im Rahmen dieser Arbeit deshalb als „eine zielgerichtete Ausprägung der Effizienz“ verstanden und dementsprechend anhand der beiden Konstrukte Effektivität und Effizienz definiert. Zwei Perspektiven sind hierbei von Interesse: Zum einen die Mikroperspektive mit dem Schwerpunkt, ob das Geschäftsmodell an sich erfolgreich ist, zum anderen die Makroperspektive mit der Frage, ob das Geschäftsmodell zum Unternehmenserfolg beiträgt. Das folgende Kapitel dient der Klärung dieser Fragen.

Einleitend wurden die Interviewpartner gefragt, ob sie eine Erfolgswirkung von Geschäftsmodellen feststellen können und welche Gründe sie gegebenenfalls dafür sehen. Die Antworten der Untersuchungsteilnehmer lassen sich zwei Kategorien zuordnen: Insgesamt gingen 69 Prozent der Befragten von einer eindeutigen Erfolgswirkung aus, während 31 Prozent ihre Aussage dahingehend einschränkten, dass ein Geschäftsmodell lediglich unter Berücksichtigung verschiedener Aspekte seine Erfolgswirkung entfalten könne. Ein Interviewpartner lehnte eine statistische Messung der Erfolgswirkung von Geschäftsmodellen ab und wollte sich aus diesem Grund nicht zu der Frage äußern. Keiner der Interviewpartner stellte jedoch eine grundsätzliche Erfolgswirkung von Geschäftsmodellen infrage.

Die Begründung für die Erfolgswirkung eines Geschäftsmodells wurde häufig an dessen Funktion im Unternehmenskontext gekoppelt. So bietet es für 13 Befragte einen generellen Rahmen für ihre Geschäftstätigkeit, indem es beispielsweise als

Grundlage für Entscheidungsprozesse herangezogen wird. Eine vergleichbar wichtige Rolle nimmt es als Richtungsgeber für Geschäftsaktivitäten ein (n=12). Die Interviewten assoziierten hiermit vor allem strategische Gesichtspunkte sowie die Entwicklung und Umsetzung von Ideen. Zwei Befragte betonten die Funktion eines Imagegebers, während sieben Personen zu bedenken gaben, dass der Unternehmenserfolg von einer Vielzahl von Faktoren abhänge und nicht allein auf die Existenz eines Geschäftsmodells reduziert werden könne. Weitere vier Personen verwiesen auf den Umstand, dass die Gestaltung und Umsetzung eines Geschäftsmodells mit Herausforderungen und Risiken verbunden sei.

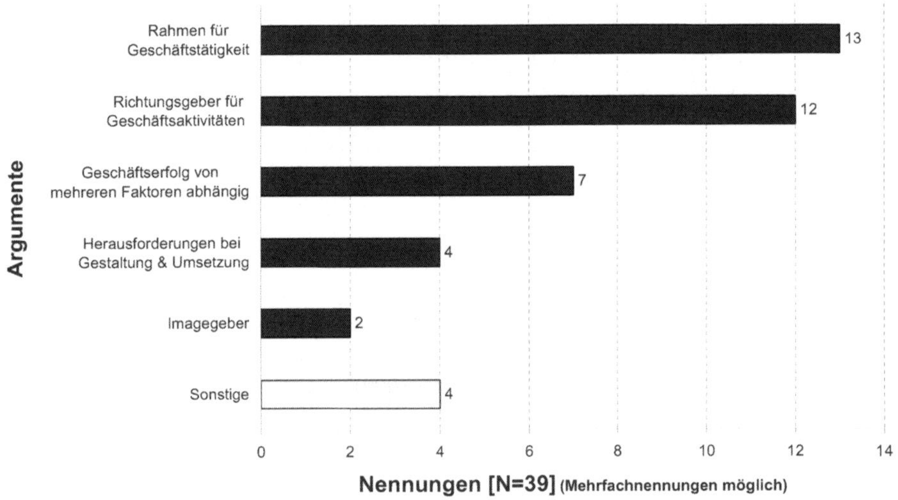

Abbildung 75: Argumente zur Erfolgswirkung von Geschäftsmodellen [N=39]

6.2 Bedeutungsunterschiede zwischen den Elementen eines Geschäftsmodells

Auf die Frage nach eventuellen Bedeutungsunterschieden zwischen den verschiedenen Elementen eines Geschäftsmodells antworteten die meisten Befragten (n=31), dass verschiedene Elemente von unterschiedlicher Wichtigkeit für das Geschäftsmodell seien. Sie identifizierten 60 Elemente, die sich in ihrer Bedeutung – positiv oder negativ – von anderen Elementen abheben. Weitere sechs Befragte gaben an, dass ihrer Auffassung nach alle Elemente eines Geschäftsmodells gleichbedeutend seien. Drei Interviewpartner machten hierzu keine eindeutige Angabe.
Bei den Elementen mit Bedeutungsunterschieden nannten die Befragten in erster Linie solche, die einen besonders hohen Erfolgsbeitrag für das Geschäftsmodell haben. Nur ein Interviewpartner merkte an, dass eine enge Mitarbeiterbindung, die

per se als Erfolg gewertet werden müsse, auch zu einem Misserfolgsfaktor werden könne, sofern sie ökonomisch sinnvolle Entscheidungen im Unternehmen verhindere. Dies bezieht sich bspw. auf Entlassungen von Mitarbeitern oder Investitionen. Die genannten Elemente mit einem hohen Erfolgsbeitrag können den sechs Metakategorien Markt-/Kundenorientierung, Ressourcen, Unternehmen, Produkte, Wettbewerb und sonstige Nennungen zugeordnet werden. Die meisten Nennungen entfallen auf die Bereiche Markt- und Kundenorientierung (n=18), Unternehmensprozesse und -strukturen (n=15) und Ressourcen (n=14).

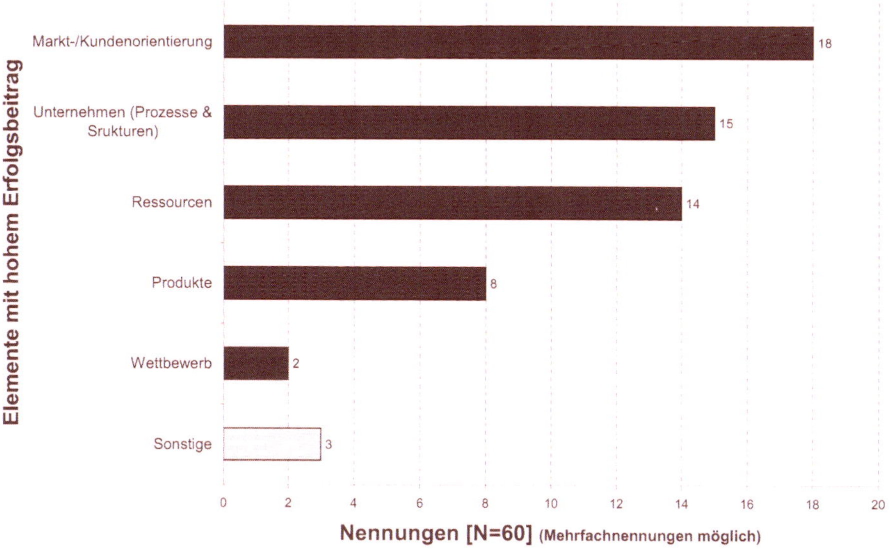

Abbildung 76: Erfolgsbeitrag der Elemente I

Eine detaillierte Aufschlüsselung der Antworten zum Erfolgsbeitrag des Geschäftsmodells ist in Abb. 79 dargestellt. So werden unter der Metakategorie Unternehmen Aspekte wie Führungsstil, Organisationsstruktur, Unternehmerpersönlichkeit und Unternehmenskultur subsumiert. Die Überkategorie Markt & Kunde zerfällt in ebendiese beiden Bereiche, während sich die Kategorie Produkte in Produktion, Produktentwicklung und Produktqualität untergliedert. Die Kategorie Ressourcen beinhaltet die Subkategorien Humankapital, Technologie und die Kapitalstruktur. Wettbewerb wird als separate Kategorie geführt. Als wichtigste Elemente mit jeweils neun Nennungen identifizieren die Befragten Markt und Kunde, sowie mit sieben Nennungen die Mitarbeiter.

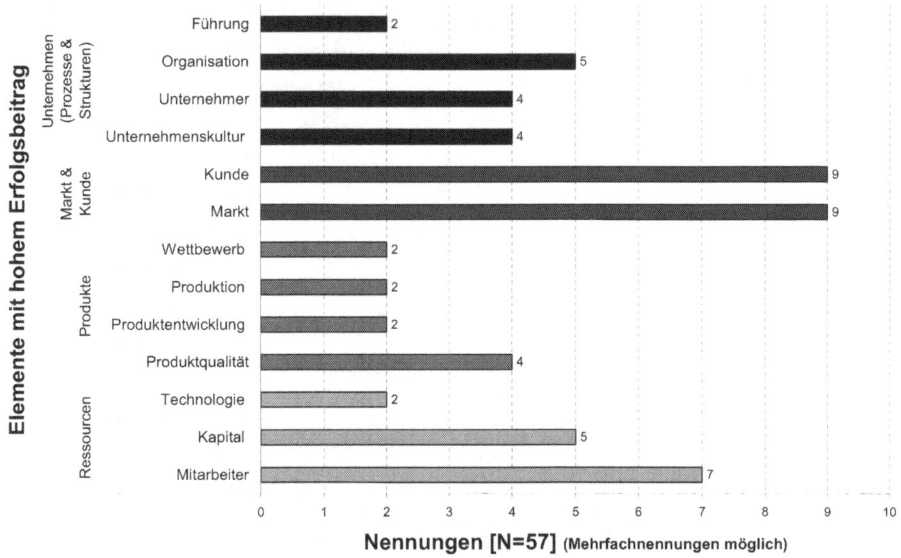

Abbildung 77: Erfolgsbeitrag der Elemente II

6.3 Erfolgversprechende und misserfolgsträchtige Ausprägungen von Geschäftsmodellen

In einer weiteren Frage wurden die interviewten Firmenvertreter gefragt, ob es ihrer Ansicht nach bestimmte Ausprägungen von Geschäftsmodellen gebe, die als besonders erfolgversprechend oder misserfolgsträchtig eingestuft werden könnten und ob diese als mittelstandsspezifisch angesehen werden müssten.
Insgesamt gesehen, gehen die meisten Befragten davon aus, dass Geschäftsmodelle überwiegend erfolgversprechende Ausprägungen (n=43) besitzen. Speziell für mittelstandsspezifische Geschäftsmodelle wurden 38 erfolgsversprechende Ausprägungen identifiziert. Trotz dieser eindeutig positiven Tendenz scheinen gerade mittelständische Geschäftsmodelle auch besonders anfällig für misserfolgsträchtige Ausprägungen zu sein. Hierzu erfolgten 19 Nennungen im Kontrast zu lediglich einer Nennung für mittelstandsunspezifische Geschäftsmodelle. Vier Personen machten zu der Frage keine Angaben.

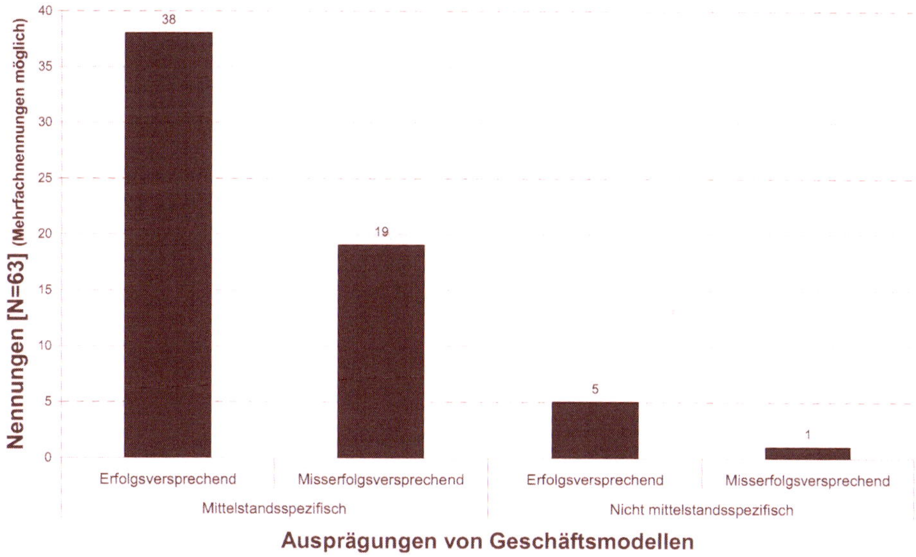

Abbildung 78: Ausprägungen von Geschäftsmodellen

Als erfolgsversprechende Ausprägungen wurden vor allem Aspekte genannt, die im Zusammenhang mit der Unternehmenskultur, der Prozesseffizienz, hoher Marktadaptabilität, (finanzieller) Unabhängigkeit, dem Image (eines Mittelständlers) und nachhaltigem Wirtschaften stehen. Als besonders zentral wird mit 16 Nennungen die Unternehmenskultur gesehen. Prozesseffizienz (n=6) und Image eines Mittelständlers rangieren auf Platz zwei.

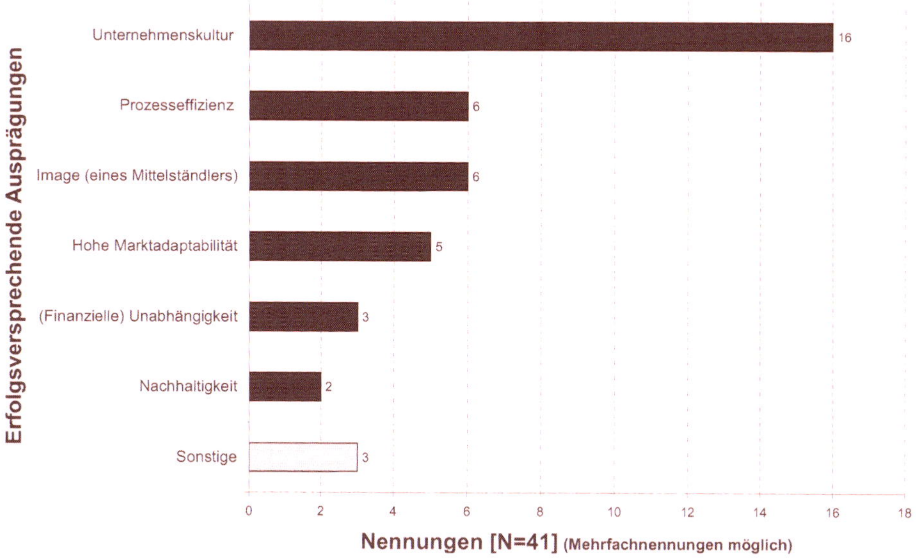

Abbildung 79: Erfolgsversprechende Ausprägungen eines Geschäftsmodells

Die genannten misserfolgsträchtigen Ausprägungen beziehen sich in erster Linie auf den Mittelstand. Hier werden innerbetriebliche Restriktionen, wie etwa eine zu enge Mitarbeiterbindung oder der Umstand, dass sich langfristige Planungen negativ auf den kurzfristigen Geschäftserfolg auswirken, genannt.
Begrenzte Ressourcen werden mit sechs Nennungen als zweitgrößter Hemmfaktor für mittelständische Unternehmen identifiziert. Darunter fallen vor allem finanzielle Beschränkungen, die sich wiederum auf verschiedene andere Bereiche auswirken, wie etwa Marketingmöglichkeiten oder Innovationsfähigkeit des Unternehmens. Daneben gaben vier befragte Unternehmensvertreter externe Faktoren als misserfolgsträchtige Ausprägungen eines Geschäftsmodells an. Diese implizieren unter anderem eine starke Machtstellung der Handelspartner oder finanzielle Abhängigkeit von Banken. Als Einzelnennung wurde der mangelnde Bekanntheitsgrad mittelständischer Unternehmen genannt.

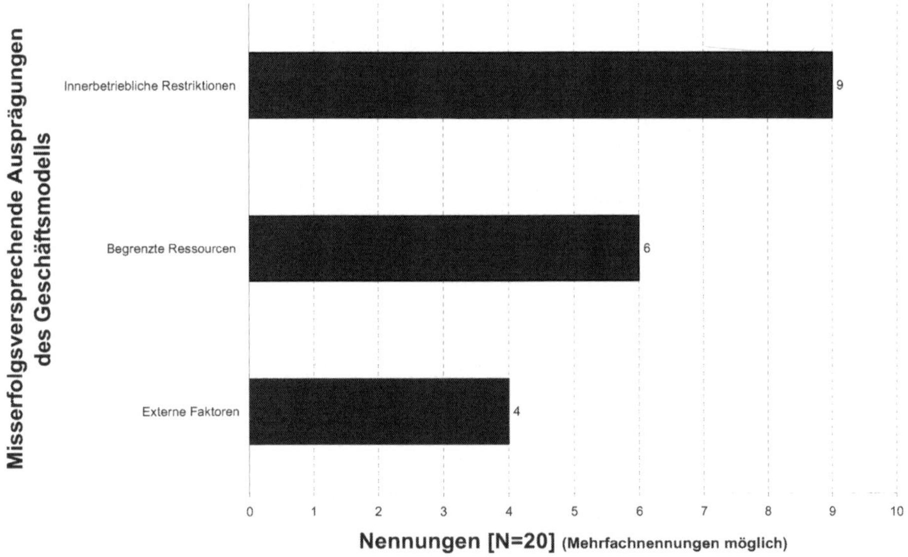

Abbildung 80: Misserfolgsträchtige Ausprägungen des Geschäftsmodells

6.4 Auswirkungen von Geschäftsmodellen auf den Erfolg

In einer letzten Frage zu dem Themenkomplex ‚Erfolgswirkungen von Geschäftsmodellen' wurden die Interviewpartner gefragt, auf welche Bereiche sich ein erfolgreiches Geschäftsmodell ihrer Ansicht nach auswirke.

Die befragten Firmenvertreter nannten hierzu insgesamt 100 Elemente, die sich acht Bereichen zuordnen lassen. Mit 35 Nennungen nimmt der Bereich Kunden/Markt den wichtigsten Platz ein. Hier sehen die Firmenvertreter die größte Erfolgswirkung. Auch die Ertragsmechanik (n=19) wird als wichtiger Bereich gesehen. 12 Interviewte gehen davon aus, dass sich der Erfolg eines Geschäftsmodells auf die Wertschöpfung auswirkt, während zehn der Befragten einen positiven Effekt für die Eigentümer des Unternehmens annehmen.

Eine moderate Auswirkung des Geschäftsmodells wird auf die Bereiche Mitarbeiter (n=7) und Unternehmen (n=6) gesehen.

Nur vier Nennungen erfolgten jeweils für die Bereiche Wettbewerber und Wettbewerbsfähigkeit sowie für (Produkt-)Qualität. Hier sehen nur wenige Interviewpartner Auswirkungen eines erfolgreichen Geschäftsmodells.

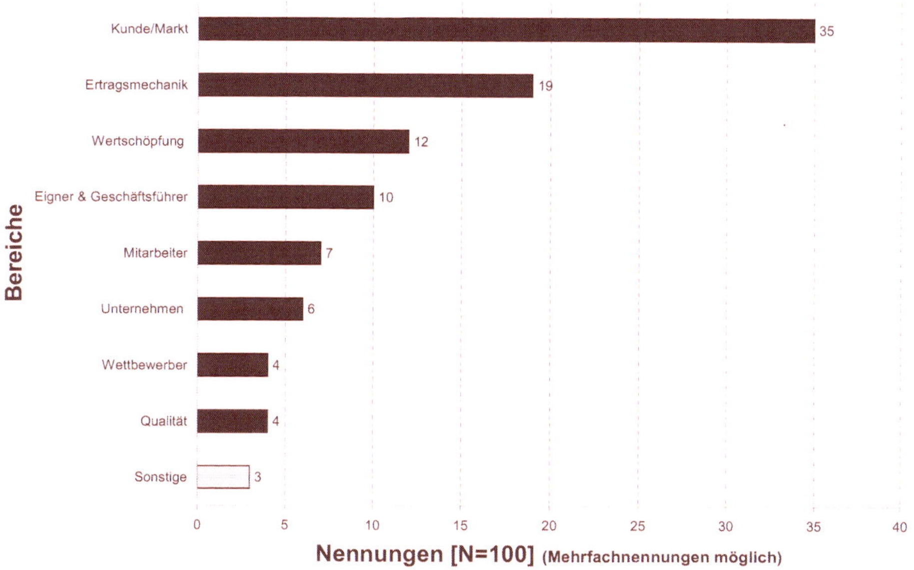

Abbildung 81: Auswirkungsbereiche des erfolgreichen Geschäftsmodells

Bislang wurde die Erfolgswirkung von Geschäftsmodellen in der Forschung kaum thematisiert. Dementsprechend existieren bislang kaum Erkenntnisse zu diesem Gegenstand. In den wenigen einschlägigen Publikationen zeichnet sich jedoch eine positive Tendenz hinsichtlich der Erfolgswirkung ab. *Bornemann* (2010, S. 224ff.) untersuchte hierfür den Erfolg von vier verschiedenen Ausgestaltungsformen von Geschäftsmodellen:

- Effizienzzentrierte Geschäftsmodelle: Produkte und Dienstleistungen werden günstiger als die von Wettbewerbern angeboten;

- Innovationszentrierte Geschäftsmodelle: Das Unternehmen schafft neue Transaktionsmöglichkeiten und generiert so einen Mehrwert für den Kunden;
- Lock-in-zentrierte Geschäftsmodelle: Die Kundenbindung wird erhöht, um Kunden einen möglichen Wechsel zum Wettbewerber zu erschweren;
- Komplementaritätszentrierte Geschäftsmodelle: Unternehmen erhöhen den Wert ihrer Produkte durch das Anbieten ergänzender Produkte oder Dienstleistungen.

Bornemann (2010, S. 224) stellte fest, dass sich lediglich für das komplementaritätszentrierte Geschäftsmodell auf der Basis von Organisationskennziffern keine Erfolgswirkung konstatieren ließ. Die Untersuchung bezieht sich jedoch lediglich auf junge Unternehmen und weist somit eine andere Stichprobenzusammensetzung sowie ein abweichendes methodisches Vorgehen auf als die vorliegende Arbeit.

Simon (2007, S. 35) konnte in einer Untersuchung zum Erfolg von mittelständischen Unternehmen eine insgesamt positive Tendenz bestätigen. Er versteht unter Erfolg das Erreichen oder Übererfüllen von gesetzten Zielen und operationalisiert dies zum einen durch das Zufriedenheitsmaß der Geschäftsführung mit dem Firmenergebnis und zum anderen anhand der durchschnittlichen Gesamtkapitalrendite. Die befragten Unternehmensvertreter zeigten sich insgesamt sehr zufrieden mit den Geschäftsergebnissen. Eine Ausnahme bildet hier die Gewinnsituation, für die relativ niedrige Zufriedenheitswerte angegeben wurden. Gemessen an einer durchschnittlichen Umsatzrendite von 14 Prozent verwundert dies. Allerdings gilt zu beachten, dass lediglich 37 Prozent der befragten Unternehmen zu diesem sensiblen Thema Angaben machten und somit Eigenselektionseffekte (nur diejenige Unternehmen, die zufrieden waren, machten Angaben) nicht ausgeschlossen werden können.

Das Antwortverhalten der befragten Unternehmensvertreter in der vorliegenden Untersuchung weist in eine ähnliche Richtung. Die meisten Interviewpartner gehen von einer Erfolgswirkung des Geschäftsmodells aus und betrachten das Geschäftsmodell als Rahmen und Richtungsgeber für ihre Geschäftsaktivität. Als wichtigste Elemente eines Geschäftsmodells werden die Markt- und Kundenorientierung gesehen. Diese wurden von vielen Befragten als maßgebliche Einflussfaktoren auf den Unternehmenserfolg identifiziert. Im Umkehrschluss wurden sie als die zwei zentralen Bereiche genannt, auf die sich ein erfolgreiches Geschäftsmodell auswirkt.

Neben den positiven Aspekten werden speziell mit Blick auf den Mittelstand auch im Geschäftsmodell unmittelbar enthaltene Hemmfaktoren gesehen. Diese lassen sich weitgehend unter dem Aspekt der Unternehmensgröße zusammenfassen. Im Gegensatz zu Großunternehmen oder Konzernen können mittelständische Unternehmen kaum Skaleneffekte und assoziierte Kosteneinsparungen realisieren und müssen in einem finanziell beschränkten Rahmen agieren (vgl. *Pfohl* (1997), S. 19). Dies hat nach Aussage der Firmenvertreter Auswirkungen auf viele Geschäftsbereiche, so unter anderem Marketing oder Forschung und Entwicklung. Auch mittelständische Unternehmensstrukturen, denen per se eine starke, positive Bedeutung zugeschrieben wird, können z.B. im Falle von Betriebsblindheit hemmend wirken (vgl. *Michaeli* (2006), S. 81). Es überwiegt jedoch die positive Bewertung der Wirkung von Geschäftsmodellen im Mittelstand.

7 Schlussbetrachtung

7.1 Thesenartige Zusammenfassung der Ergebnisse

Die folgenden Thesen stellen einen Ausschnitt der wichtigsten Erkenntnisse des Forschungsprojekts dar und können als forschungsleitende Thesen für weitere Projekte im genannten Kontext verstanden und genutzt werden.

These 1: Geschäftsmodelle sind ein nur schwer fassbares Konstrukt.
In der Studie lässt sich kein wirklich eindeutiges Verständnis von Geschäftsmodellen ableiten. Am ehesten ist noch als kleinster gemeinsamer Nenner der Bezug zur Abbildung der Geschäftstätigkeit sowie zur Art und Weise der Umsatzgenerierung heranzuziehen.

These 2: Geschäftsmodelle beinhalten neben der (tradierten) internen, zusätzlich auch eine externe Perspektive.
Die Geschäftsmodelle der befragten Unternehmen zeigen neben einem starken Bezug zu Markt/Kunden auch eine hohe Bedeutung in den Bereichen Aufbauorganisation, Ressourcen und Produkte.

These 3: Geschäftsmodelle geben die Richtung für das unternehmerische Handeln vor und bilden die Strategie des Unternehmens ab.
Aus Sicht der Interviewpartner bilden Geschäftsmodelle die Unternehmenstätigkeit nicht nur ab, sondern geben auch die Richtung für die Ausrichtung des Handelns vor.

These 4: Geschäftsmodelle sind dynamische Gebilde, die jedoch eher reaktiv als aktiv angepasst werden.
Geschäftsmodelle sind keine statischen, sondern dynamische Konstrukte. Veränderungen werden hier meist von außen, bspw. durch die Kunden oder den Markt an sich, angestoßen. Intern wirken vor allem Mitarbeiter und Eigentümer auf Veränderungen des Geschäftsmodells ein.

These 5: Mittelständische Geschäftsmodelle sind anders als Geschäftsmodelle von kapitalmarktorientierten Großunternehmen.
Für 84 Prozent der Befragten haben Mittelstandsspezifika Einfluss auf die Ausprägung ihres Geschäftsmodells. Positiv werden bspw. kürzere Entscheidungswege, eine größere Nachhaltigkeit und der fehlende Druck des Kapitalmarkts hervorgehoben, negativ wirken hingegen knappe Ressourcen und eine ggf. im Vergleich zu größeren Konkurrenten (zu) geringe Marktmacht.

These 6: Mittelstandsspezifische Geschäftsmodelle sind produktspezifisch.
Für viele der Befragten spielen die jeweiligen Produkte/Dienstleistungen die zentrale Rolle im Geschäftsmodell.

These 7: Mittelständische Geschäftsmodelle sind vornehmlich kunden- und qualitätsorientiert.
Mittelständische Geschäftsmodelle orientieren sich in ihrer Veränderung häufig an den Bedürfnissen der Kunden. Zudem spielen die Aspekte Qualität, Technologie und Innovation eine große Rolle. Die Kundenzufriedenheit wird auch als größter Erfolgsfaktor von Geschäftsmodellen gesehen.

These 8: Mittelständische Unternehmen segmentieren vor allem nach geografischen Märkten und deren Attraktivität.
Die befragten Unternehmen grenzen ihre relevanten Märkte vor allem aufgrund der geografischen Lage ab. Zudem spielen die dort lokal vorherrschenden Präferenzen eine wichtige Rolle für die regionale Anpassung des Geschäftsmodells.

These 9: Mittelständische Geschäftsmodelle fokussieren den B2B-Bereich.
Von den befragten Unternehmen sind nur wenige im Endkundenmarkt tätig. Deswegen spielen Funktionsbereiche wie z.B. Marketing und Öffentlichkeitsarbeit bisher eine eher untergeordnete Rolle.

These 10: Auch historisch gesehen ist der vertikale Integrationsgrad im Mittelstand eher hoch.
Der vertikale Integrationsgrad der befragten Unternehmen ist tendenziell sehr hoch. Schwerpunkte der eigenen Geschäftstätigkeit liegen eindeutig in den Bereichen Produktion und Entwicklung.

These 11: Die Anzahl der Erlösquellen ist eher gering.
26 von 40 Unternehmen weisen nur eine oder zwei primäre Erlösquellen auf. Wichtige sekundäre Erlösquellen sind v.a. Aftersales-Services.

These 12: Mittelständische Unternehmen fokussieren vor allem eine Premiumpreisstrategie.
Im Einklang mit den bereits skizzierten Schwerpunkten Kundenzufriedenheit und Qualität wenden die meisten Unternehmen eine Premiumpreisstrategie an.

These 13: Mittelständische Unternehmen sehen sich zeitgleich mit einer zunehmenden Wettbewerbskonzentration und ansteigenden Betriebsgrößen konfrontiert.
Im Einklang mit den bereits skizzierten Schwerpunkten Kundenzufriedenheit und Qualität wenden die meisten Unternehmen eine Hochpreisstrategie an.

These 14: Geschäftsmodell und Ressourcenausstattung müssen zueinander passen.
Die Gesprächspartner sprechen der Ressourcenausstattung insbesondere mit Eigenkapitalmitteln eine große Bedeutung für das Geschäftsmodell zu. Die interviewten Unternehmen verfügen über eine recht gute Ausstattung mit Eigenmitteln und sind tendenziell bankenunabhängig. Die Finanzierungsstruktur sollte mit dem Geschäftsmodell abgeglichen und stetig harmonisiert werden.

These 15: Das Personal ist für mittelständische Geschäftsmodelle besonders entscheidend.
Personelle Ressourcen werden von den Interviewpartnern als entscheidend für ihr Geschäftsmodell charakterisiert. Gleichzeitig besteht hier der größte Wettbewerbsnachteil im Vergleich zu kapitalmarktorientierten Großunternehmen. Leider berichten viele Interviewpartner, dass die fachliche Qualifikation und kulturelle Einstellung der Mitarbeiter dem hohen Anspruch des Geschäftsmodells nicht genügt.

These 16: Dezentralisation und flache Hierarchien machen mittelständische Geschäftsmodelle erfolgreich.
Durch Schnelligkeit, Flexibilität und flache Hierarchien sind mittelständische Unternehmen tendenziell näher am Kunden als ihre größeren Konkurrenten.

These 17: Eine starke Unternehmenskultur sowie ein personenorientierter Führungsstil prägen das Geschäftsmodell mittelständischer Unternehmen,
Die starke, durch Einzelpersonen geprägte Unternehmenskultur sowie die personenorientierte Führung wirken identifikations- und motivationsfördernd und stärken so letztlich das Geschäftsmodell.

These 18: Eine formalisierte Beschäftigung mit Geschäftsmodellen steigert den Unternehmenserfolg.
Als Rahmen für die Geschäftstätigkeit und Richtungsgeber für Geschäftsaktivitäten steigert das Geschäftsmodell aus Sicht von 70 Prozent der Befragten den Unternehmenserfolg deutlich. Um diese Wirkung realisieren zu können, wäre aus Sicht der Befragten eine formalisierte Beschäftigung mit dem Geschäftsmodell notwendig. Hier wird noch großer Nachholbedarf gesehen.

7.2 Lessons Learned

Qualitative Aspekte sind entscheidend

Mittelständische Unternehmen charakterisieren sich stärker durch qualitative als durch quantitative Aspekte. Für die Analyse strategischer Fragestellungen bietet es sich deshalb an, die Wesensmerkmale des Mittelstands im ersten Schritt als Gesamtheit sinnstiftender qualitativer Merkmale zu begreifen.

Geschäftsmodelle zweckorientiert betrachten

Geschäftsmodelle sind als Ergebnis einer Modellierung immer zweckorientiert. In einem ersten Schritt sollen sie dazu dienen, das eigene Geschäft und somit den eigenen Erfolg nachvollziehbar zu machen. Im zweiten Schritt können sie auch zur gezielten Ansprache externer Gruppen wie z.B. Kapitalgebern und Geschäftspartnern verwendet werden.

Geschäftsmodelle auf Stimmigkeit der Elemente überprüfen

Geschäftsmodelle zeichnen sich durch eine komplexe Struktur und Interaktionen zwischen den verschiedenen Elementen aus. Damit Geschäftsmodelle einen Mehrwert besitzen, muss der Wertschöpfungszweck im Mittelpunkt der Betrachtung stehen. Wertschöpfung kann nur stattfinden, wenn eine Passgenauigkeit der einzelnen Elemente von Geschäftsmodellen gegeben ist. Insofern sind diese auf mögliche Disharmonien zu überprüfen.

Strategische Implikationen aus Geschäftsmodellen ableiten

Geschäftsmodelle stellen stets nur eine Abbildung des Ist-Zustand eines Geschäfts und somit eines Unternehmens dar. Das wirtschaftliche Handeln ist jedoch durch Dynamik und Differenziertheit, also Komplexität und Diskontinuitäten in der Unternehmensumwelt, gekennzeichnet. Als dynamische Gebilde müssen Geschäftsmodelle weiterentwickelt werden, zudem müssen aus der Bestandsaufnahme geeignete Soll-Empfehlungen für die Anpassung abgeleitet werden.

Größe „Eigentum“ als Chance, nicht als Risiko begreifen

Die Größe „Eigentum“ durchdringt sämtliche Aspekte mittelständischer Geschäftsmodelle. Hier sollte sie nicht als Risiko, sondern als Chance begriffen werden. Empirische Studien haben gezeigt, dass Unternehmen, die von professionell ausgebildeten Familienmitgliedern geführt werden, aufgrund der stärkeren emotionalen Verbundenheit mit dem Unternehmen in Verbindung mit fachlichem Know-how gegenüber vergleichbaren anonymen Gesellschaften einen Mehrwert erwirtschaften.

7.3 Fazit

Aktuelle Forschungen zu Geschäftsmodellen im Mittelstand zeigen, dass mittelständische Unternehmen bisher die Modellierung ihres Geschäftsmodells kaum formalisiert betrieben haben; dieser Befund gilt häufig auch für die strategische Planung. Dies lässt sich einerseits damit begründen, dass der „klassische" Unternehmer sein Geschäft intuitiv ohne große Formalisierung versteht. Dieser Befund gilt häufig auch für die strategische Planung. In Zeiten steigender Anforderungen von Eigen- und Fremdkapitalinvestoren und einer steigenden Zahl externer Manager in Mittelstand und Familienunternehmen, ist jedoch eine stärkere Professionalisierung und somit Wertschöpfungsorientierung der Geschäftsmodellgestaltung vonnöten. Der vorliegende Beitrag zeigt neben dem Status quo mittelständischer Geschäftsmodelle sowie der großen Bedeutung der Größe „Eigentum" auch einige Entwicklungstendenzen hin zu einer stärkeren Formalisierung und Wertschöpfungsorientierung im Mittelstand. Eine empirische Validierung sowohl der einzelnen Elemente von Geschäftsmodellen, deren Mittelstandsspezifika sowie der Erfolgswirkung von Geschäftsmodellen erscheint jedoch notwendig, um die getroffenen Tendenzaussagen noch belastbarer und empirisch nachvollziehbar zu machen.

Literaturverzeichnis

Afuah, Allan/Tucci, Christopher L. (2001): Internet Business Models and Strategies – Text and Cases, Boston et al.

Ahrweiler, Sonja/Börner, Christoph (2003): Neue Finanzierungswege für den Mittelstand: Ausgangssituation Notwendigkeit und Instrumente, in: Kienbaum, Jochen/Börner, Christoph (Hrsg., 2003) Neue Finanzierungswege für den Mittelstand – Von der Notwendigkeit zu den Gestaltungsformen, Wiesbaden, S. 3-74

Albers, Sönke (1989): Kundennähe als Erfolgsfaktor in: Albers, Sönke et al. (Hrsg., 1989), Elemente erfolgreicher Unternehmenspolitik in mittelständischen Unternehmen - Unternehmenskultur, Kundennähe, Quasi-Eigenkapital – Ergebnis des Lüneburger Mittelstands-Symposiums 1989, Stuttgart, S. 101-122

Amit, Raphael/Zott, Christoph (2001): Value Creation in E-Business, in: Strategic Management Journal, Vol. 22, S. 493-520

Amschlinger, Mario Caius (2011): Internationalisierung im Mittelstand: Eine empirische Analyse kulturabhängiger Erfolgsfaktoren von Direktinvestitionen deutscher kleiner und mittlerer Unternehmen in Rumänien, Köln

Becker, Jochen (2001): Marketing-Konzeption: Grundlagen des ziel-strategischen und operativen Marketing-Managements, München

Becker, Wolfgang (1990): Funktionsprinzipien des Controlling, in: Zeitschrift für Betriebswirtschaft, 60. Jg., Nr. 3, S. 295-318

Becker, Wolfgang (2000): Wertorientierte Unternehmensführung, in: Bamberger Betriebswirtschaftliche Beiträge, Nr. 125, Bamberg

Becker, Wolfgang (2009): Strategie und Performance, 9. Aufl., Bamberg

Becker, Wolfgang (2010): Strategie und Performance, 10. Aufl., Bamberg

Becker, Wolfgang et al. (2007): Erwartungen von Hochschulabsolventen an potentielle Arbeitgeber, in: Bamberger Betriebswirtschaftliche Beiträge, Band 147, Bamberg

Becker, Wolfgang/Benz, Karsten (1997): Effizienz-Verständnis und Effizienz-Instrumente des Controlling, in: Die Betriebswirtschaft, Jg. 57, S. 655-671.

Becker, Wolfgang/Krämer, Johannes/Ulrich, Patrick (2010): Integrierte Kosten- und Leistungsführerschaft – ein strategisches Handlungsmuster für KMU, in: Meyer, Jörn-Axel (Hrsg., 2010), Strategien von kleinen und mittleren Unternehmen – Jahrbuch der KMU-Forschung und –Praxis, Lohmar/Köln, S. 481-498

Becker, Wolfgang/Staffel, Michaela/Ulrich, Patrick (2009): Wertmanagement als Instrument der strategischen Führung im Mittelstand – Konzepte, Modifikationen und Empfehlungen, in: Meyer, Jörn-Axel (Hrsg., 2009), Jahrbuch KMU-Management-Instrumente in kleinen und mittleren Unternehmen, Bamberg

Becker, Wolfgang/Staffel, Michaela/Ulrich, Patrick (2008): Mittelstand und Mittelstandsforschung, in: Bamberger Betriebswirtschaftliche Beiträge, Band 153, Bamberg

Becker, Wolfgang/Staffel, Michaela/Ulrich, Patrick (2010): Rekrutierung von Führungskräftenachwuchs mittelständischer Unternehmen – ein verhaltensorientierter Ansatz, in: Kathan, Daniel et al. (Hrsg., 2010); Wertschöpfungsmanagement im Mittelstand, Wiesbaden, 2010, S. 3-22

Becker, Wolfgang/Ulrich, Patrick (2009): Mittelstand, KMU und Familienunternehmen in der Betriebswirtschaftslehre, in: Wirtschaftswissenschaftliches Studium, 38. Jg., S. 2-7

Becker, Wolfgang/Ulrich, Patrick (2010): Unternehmertum, gestern, heute, morgen, in: Stier, Manuela/Fopp, Leonhard (Hrsg., 2010) Lebenskonzept Unternehmertum – Motivations- und Erfolgsfaktoren, S. 12-15

Bickhoff, Nils (2008): Quintessenz des strategischen Managements: Was Sie wirklich wissen müssen, um im Wettbewerb zu überleben, Berlin

Bieger, Thomas/Rüegg-Stürm, Johannes/Rohr, Thomas (2002): Strukturen und Ansätze einer Gestaltung von Beziehungskonfigurationen – Das Konzept Geschäftsmodell, in: Bieger, Thomas et al. (Hrsg., 2002): Zukünftige Geschäftsmodelle – Konzept und Anwendung in der Netzökonomie, Berlin et al., S. 35-61

Blake, Robert R./Mouton, Jane S. (1981): Management by Grid: Principles or Situationalism: which?, in: Group & Organization Management, S.439-455

Boos, Frank/Heitger, Barbara/Hummer, Cornelia (2005): Solisten im Team: Wertschöpfung durch interne Unternehmensfunktionen, S.11-36, in: *Boos, Frank/Heitger, Barbara* (Hrsg.): Wertschöpfung in Unternehmen. Wie innovative interne Dienstleister die Wettbewerbsfähigkeit steigern, Wiesbaden

Bornemann, Malte (2010): Die Erfolgswirkung der Geschäftsmodellgestaltung – eine kontextabhängige Betrachtung, Wiesbaden

Bortz, Jürgen/Döring, Nicola (2002): Forschungsmethoden und Evaluation: Für Human- und Sozialwissenschaftler, 3. Aufl., Berlin/Heidelberg

Brinkmann, Frank-Michael (2001): Gestaltung von Funktionskostenrechnungen – Theorie, Empirie und Praxisbeispiel einer Instandhaltungskostenrechnung, Wiesbaden

Bruhn, Manfred (2010): Marketing: Grundlagen für Studium und Praxis, 10. Aufl., Wiesbaden

Bundesministerium für Wirtschaft und Technologie (Hrsg., 2007): Der Mittelstand in der Bundesrepublik Deutschland – eine volkswirtschaftliche Bestandsaufnahme, BMWi Dokumentation Nr. 561, Berlin

Bussiek, Jürgen (1994): Informationsmanagement im Mittelstand – Erfolgspotentiale erkennen und nutzen, Wiesbaden

Classen, Frauke/Classen, Dirk (2008): Gesellschaftsrechtliche Gestaltung, in: Picot, Gerhard (Hrsg., 2008), Handbuch für Familien- und Mittelstandsunternehmen. Strategie, Gestaltung, Zukunftssicherung, Stuttgart

Corsten, Hans (1998): Grundlagen der Wettbewebsstrategie, in: *Blum, Ulrich/Zelewski, Stephan* (Hrsg.): Teubner Studienbücher Wirtschafswissenschaften, Stuttgart

Damken, Nico (2007): Corporate Governance in mittelständischen Kapitalgesellschaften: Bedeutung der Business Judgment Rule und der D&O-Versicherung für Manager im Mittelstand nach der Novellierung des § 93 AktG durch das UMAG, Edewecht

Diller, Hermann (1992): Vahlens Großes Marketing Lexikon, München

Diller, Hermann (2000): Preispolitik, 3. Aufl., Stuttgart

Diller, Hermann/Fürst, Andreas/Ivens, Björn (2011): Grundprinzipien des Marketing, 3. Auflage, Nürnerg

Dittmar, Norbert (2004): Transkription, 2. Aufl., Wiesbaden

Dul, Jan/Hak, Tony (2008): Case study methodology in business research, Amsterdam et al.

Eisenhardt, Kathleen M. (1989): Building theories from case study research, in: Academy of Management Review, Vol. 14, No. 4, S. 532-550

Enkel, Ellen (2005): Management von Wissensnetzwerken: Erfolgsfaktoren und Beispiele, Wiesbaden

Europäische Kommission (1996): KMU-Definition: Empfehlung der Kommission vom 03. April 1996, in: Amtsblatt der Europäischen Gemeinschaft, L 107 vom 30. April 1996

Europäische Kommission (2003): KMU-Definition: Empfehlung der Kommission vom 06. Mai 2003, in: Amtsblatt der Europäischen Gemeinschaft, L 124 vom 20.05.2003, S. 36

Flacke, Klaus (2007): Controlling in mittelständischen Unternehmen: Ausgestaltung, Einflussfaktoren der Instrumentennutzung und Einfluss auf die Bankkommunikation, URN urn:nbn:de:hbz:6-29539358259, Münster

Flick, Uwe (2007): Triangulation: Eine Einführung, 2. Aufl., Wiesbaden

Franken, Swetlana (2010): Verhaltensorientierte Führung – Handeln, Lernen und Diversity in Unternehmen, 3. Aufl., Wiesbaden

Gläser, Jochen/Laudel, Grit (2009): Experteninterview und qualitative Inhaltsanalyse, 3. Aufl., Wiesbaden

Goeke, Manfred (2008): Der deutsche Mittelstand – Herzstück der deutschen Wirtschaft, in: Goeke (Hrsg., 2008), Praxishandbuch Mittelstandsfinanzierung, Mit Leasing, Factoring & Co. unternehmerischen Potenziale ausschöpfen, Wiesbaden, S. 9-22

Grant, M.N./Nippa, M. (2006): Strategisches Management – Analyse, Entwicklung und Implementierung von Unternehmensstrategien, 5. Auflage, München

Grichnik, Dietmar (2003): Finanzierungsverhalten mittelständischer Unternehmen im Vergleich, in: Kienbaum, Jochen/Börner, Christoph (Hrsg., 2003) Neue Finanzierungswege für den Mittelstand – Von der Notwendigkeit zu den Gestaltungsformen, Wiesbaden, S. 75-112

Grichnik, Dietmar et al. (2010): Entrepreneurship – Unternehmerisches Denken, Entscheiden und Handeln in innovativen und technologieorientierten Unternehmungen, Stuttgart

Grün, Oskar/Brunner, Jean-Claude (2002): Der Kunde als Dienstleister: Von der Selbstbedienung zur Co-Produktion, Wiesbaden

Günterberg, Brigitte/Kayser, Gunter (2004): SMEs in Germany, Facts and Figures, Institut für Mittelstandsforschung Bonn, abrufbar unter http://www.ifm-bonn.org/ergebnis/sme-2004.pdf vom 22.02.2011

Hausch, Kerstin T. (2004): Corporate Governance im deutschen Mittelstand. Veränderungen externer Rahmenbedingungen und interner Elemente, Wiesbaden

Herfurth, Sebastian (2010): Die Regulierung von Ratingagenturen unter Basel II, Köln

Hofbauer, Christian (2008): Geschäftsmodelle Quadruple Play: Eine Einschätzung der Entwicklung in Deutschland, Wiesbaden

Homburg, Christian/Krohmer, Harley (2009): Marketingmanagement: Strategie – Instrumente – Umsetzung - Unternehmensführung, 3. Aufl., Wiesbaden

Institut für Mittelstandsforschung Bonn (2002): KMU-Definition des IfM Bonn, http://www.ifm-bonn.org/index.php?id=89, letzter Zugriff: 12.03.2011

Kieser, Alfred/Walgenbach, Peter (2011): Organisation, 6. Aufl., Stuttgart

Jacob, Frank/Kleinaltenkamp, M./Söllner, A. (2006): Markt- und Produktmanagement – Die Instrumente des Business-to-Business Marketing, 2. Aufl., Wiesbaden

Joas, August (1990): Konkurrenzforschung als Erfolgspotential im strategischen Marketing, in: *Meyer, Paul W.* (Hrsg.): Schwerpunkt Marketing Band 29, Augsburg

Kieser, Alfred/Walgenbach, Peter (2010): Organisation, 6. Auflage, Stuttgart

Klimmer, Matthias (2007): Unternehmensorganisation, 3. Auflage, Herne

Knyphausen-Aufseß, Dodo zu/Meinhardt, Yves (2002): Revisiting Strategy – Ein Ansatz zur Systematisierung von Geschäftsmodellen, in: Bieger, Thomas et al. (Hrsg., 2002): Zukünftige Geschäftsmodelle – Konzepte und Anwendungen in der Netzökonomie, Berlin, S. 63-89

Kotler, Philip/Armstrong, Gary/Wong, Veronica/Saunders, John (2011): Grundlagen des Marketing, 5. Aufl., München

Kotler, Philip/Bliemel, Friedrich (1999): Marketing-Management – Analyse, Planung, Umsetzung und Steuerung, 9. Aufl., Stuttgart

Krämer, Werner (2003): Mittelstandsökonomik – Grundzüge einer umfassenden Analyse kleiner und mittlerer Unternehmen, München

Kreikebaum, Hartmut (1997): Strategische Unternehmensplanung, 6. Auflage, Stuttgart

Kurz, Andrea et al. (2008): Das problemzentrierte Interview, in: Buber, Renate H./Holzmüller, Hartmut H./Holzmüller, Hartmut M. (Hrsg., 2008), Qualitative Marktforschung, Wiesbaden, S. 463-475

Kuss, Alfred/Tomczak, Torsten (2002): Marketingplanung – Einführung in die marktorientierte Unternehmens- und Geschäftsfeldplanung, Wiesbaden

Lam, Long W./Harrison-Walker, L. Jean (2003): Toward an Objective-Based Typology of E-Business Models, in: Business Horizons, Vol. 46, No. 6, S. 17-26

Lamnek, Siegfried (2006): Qualitative Sozialforschung, Weinheim

Lühring, Norbert (2006): Koordination von Innovationsprojekten, Wiesbaden

Maaß, Christian (2008): E-Business Management: Gestaltung von Geschäftsmodellen in der vernetzten Wirtschaft, Stuttgart

Macharzina, K./Wolf, Joachim (2010): Unternehmensführung – Das internationale Managementwissen, 7. Auflage, Wiesbaden

Mayring, Philipp (2002): Einführung in die qualitative Sozialforschung: Eine Anleitung zu qualitativem Denken, 5. Aufl., Weinheim

Meffert, Heribert (2000): Marketing: Grundlagen marktorientierter Unternehmensführung – Konzepte – Instrumente – Praxisbeispiele, 9. Aufl., Wiesbaden

Meffert, Jürgen/Klein, Holger (2007): DNS der Weltmarktführer: Erfolgsformeln aus dem Mittelstand, Heidelberg

Meinhardt, Yves (2002): Veränderungen von Geschäftsmodellen in dynamischen Industrien – Fallstudien aus der Biotech-, Pharmaindustrie und bei Business-to-consumer-Portalen, Wiesbaden

Meyer, Anton (1996): Das Absatzmarktprogramm, in: Meyer, Paul-Werner (Hrsg., 1996), Integrierte Marketingfunktionen, Stuttgart, S. 52-83

Michaeli, Rainer (2006): Competitive Intelligence. Strategische Wettbewerbsvorteile erzielen durch systematische Konkurrenz-, Markt- und Technologieanalyse, Heidelberg

Mintzberg, Henry (1979): The Structuring of Organizations, Englewood Cliffs.

Morris, Michael/Schindehutte, Minet/Allen, Jeffrey (2005): The Entrepreneur's Business Modell – Toward a Unified Perspective, in: Journal of Business Research, Vol. 58, S. 726-735

Mruck, Katja/Mey, Günter (2009): Der Beitrag qualitativer Methodologie und Methodik zur Marktforschung, in: Buber, Renate/Holzmüller, Hartmut H. (Hrsg., 2009), Qualitative Marktforschung, 2. Aufl., Wiesbaden, S. 21-45

Mugler, Josef (2008): Grundlagen der BWL der Klein- und Mittelbetriebe, 2. Aufl., Wien

Nalebuff, B.J./Brandenburger, A.M. (2008): Coopetition: Kooperativ konkurrieren – mit der Spieltheorie zum Geschäftserfolg, Eschborn.

Nicklaus, Horst (1989): Marketing, Kundennähe, Erfolgsstrategien – Aufgaben für mittelständische Unternehmen, in: Albers, Sönke et al. (Hrsg., 1989): Elemente erfolgreicher Unternehmenspolitik in mittelständischen Unternehmen - Unternehmenskultur, Kundennähe, Quasi-Eigenkapital – Ergebnis des Lüneburger Mittelstands-Symposiums 1988, Stuttgart, S. 123-128

Nilsson, Anders/Tolis, Christopher/Nellborn, Christer (1999): Perspectives on Business Modelling – Understanding and Changing Organizations, Berlin/Heidelberg/New York

Osterwalder, Alexander/Pigneur, Yves/Tucci, Christopher (2005): Clarifying Business Models – Origins, Present, and Future of the Concept, in: Communications of the Association for Information Systems, Vol. 15, No. 1, S. 1-25

Pecha, Roman (2004): Externe Geschäftsmodellanalyse bei E-Business Unternehmen – Eine empirische Analyse, Lohmar

Peräkylä, Anssi (2005): Analysing talk and text, in: Denzin, Norman K./Lincoln, Yvonna S. (Hrsg., 2005), Handbook of Qualitative Research, 3. Aufl., Newbury Park, S. 869-886

Pfohl, Hans-Christian (1997): Betriebswirtschaftslehre der Klein- und Mittelbetriebe: Größenspezifische Probleme und Möglichkeiten zu ihrer Lösung, Berlin

Pfohl, Hans-Christian (2006): Betriebswirtschaftslehre der Mittel- und Kleinbetriebe – Größenspezifische Probleme und Möglichkeiten zu ihrer Lösung, 4. Aufl., Berlin

Picot, Gerhard (2008): Handbuch für Familien- und Mittelstandsunternehmen: Strategie, Gestaltung, Zukunftssicherung, 10. Aufl., Stuttgart

Piontkowski, Jan O. (2009): Wertorientierte Unternehmensführung im Mittelstand – Empirische Hinweise auf Anwendung, in: Controlling – Zeitschrift für erfolgsorientierte Unternehmenssteuerung, 21. Jg., S. 357-363.

Porter, Michael E. (1986): Wettbewerbsvorteile, Frankfurt am Main/New York

Porter, Michael E. (1988): Wettbewerbsstrategie, 5. Aufl., Frankfurt am Main/New York

Porter, Michael E. (1996): What is Strategy?, in: Harvard Business Review, Vol. 74, No. 6, S. 1-78

Porter, Michael E. (1999): Wettbewerbsstrategie, 10. Aufl., Frankfurt am Main

Porter, Michael E. (2001): Strategy and the Internet, in: Harvard Business Review, Vol. 79, No. 3, S. 62-78

Prezewowsky, Michel (2007): Demografischer Wandel und Personalmanagement. Herausforderungen und Handlungsalternativen vor dem Hintergrund der Bevölkerungsentwicklung, Wiesbaden

Rentmeister, Jahn/Klein, Stefan (2003): Geschäftsmodelle – ein Modebegriff auf der Waagschale, in: Zeitschrift für Betriebswirtschaft, Ergänzungsheft 1/2003, S. 17-30

Rheinberg, Falko (2006): Intrinsische Motivation und Flow-Erleben, in: Motivation und Handeln, Heckhausen, Jutta/Heckhausen Heinz (Hrsg.,2006), 3. Aufl., Heidelberg

Rößl, Dietmar (1986): Ein Stundenplan zur Marktabgrenzung: Informationsselektion zur effizienten strategischen Marketingplanung, Wien

Sandrock, Jörg (2005): System Dynamics in der strategischen Planung: Zur Gestaltung von Geschäftsmodellen im E-Learning, Diss., Karlsruhe

Schein, Edgar H. (2003): Organisationskultur, Bergisch-Gladbach/San Francisco

Schirrmann, Eric (2006): Vertriebsoptimierung durch professionelle Vertriebssteuerung, in: Pfohl, Hans-Christian (Hrsg., 2006), Betriebswirtschaftslehre der Mittel- und Kleinbetriebe – Größenspezifische Probleme und Möglichkeiten zu ihrer Lösung, 4. Aufl., Berlin, S. 159-178

Schmidt, Stefan/Grosche, Philipp (2009): Konfiguration und Koordination von Wertschöpfungsaktivitäten in internationalen Unternehmen – Ein kritischer Beitrag zum State-of-the-Art, in: ESCP Europe (Hrsg.), ESCP Europe Working Paper, Nr. 48, Berlin

Schneider, Dieter (1997): Betriebswirtschaftslehre – Band 3: Theorie der Unternehmung, München/Wien

Schoegel, Kerstin (2001): Geschäftsmodelle – Konstrukt – Bezugsrahmen – Management, München

Schreyögg, Georg (2008): Organisation – Grundlagen moderner Organisationsgestaltung, 5.Aufl., Wiesbaden

Schütte, Reinhard (1998): Grundsätze ordnungsgemäßer Referenzmodellierung - Konstruktion konfigurations- und anpassungsorientierter Modelle, Wiesbaden

Schwarz, Erich/Faullant, Rita/Krajger, Ines (2008): Innovationsmanagement für dienstleistungsorientierte Gründungsunternehmen: Das 4-Ampel-Modell, in: Kraus, Sascha/Fink, Matthias (Hrsg., 2008): Entrepreneurship: Theorie und Fallstudien zu Gründungs-, Wachstums- und KMU-Management, Wien, S. 171-181

Schweitzer, Marcel (2000): Gegenstand und Methoden der Betriebswirtschaftslehre, in: Bea, Franz Xaver/Dichtl, Erwin/Schweitzer, Marcell (Hrsg., 2000): Allgemeine Betriebswirtschaftslehre, Band 1: Grundfragen, Stuttgart, S. 23-79

Schweizer, Lars (2005): Concept and Evolution of Business Models, in: Journal of General Management, Vol. 31, No. 2, S. 37-56.

Seddon, Peter B./Lewis, Geoffrey/Freeman, Phil/Shanks, Graeme (2004): Business Models and their Relationship to Strategy, in: Currie, W. L. (Hrsg., 2004): Value Creation from e-Business Models, Oxford, S. 11-34

Seider, Uwe (2006): Vertriebsintegration, Berlin

Sheer, August-Wilhelm/Thomas, Oliver/Wagner, Daniel (2003): Verfahren und Werkzeuge zur Unternehmensmodellierung, in: Bullinger, Hans-Jörg/Warnecke, Hans Jürgen/Westkämper, Engelbert (Hrsg., 2003): Neue Organisationsformen im Unternehmen – Ein Handbuch für das moderne Management, Berlin et al., S. 740-760

Simon, Hermann (2007): Hidden Champions des 21. Jahrhunderts – Die erfolgreichen Strategien unbekannter Weltmarktführer, Frankfurt/New York

Simon, Hermann/Huber, Frank (2006): Hidden Champions: Der Weg zur Weltmarktführerschaft, in: Pfohl, Hans-Christian (Hrsg., 2006), Betriebswirtschaftslehre der Mittel- und Kleinbetriebe – Größenspezifische Probleme und Möglichkeiten zu ihrer Lösung, 4. Aufl., Berlin, S. 51-114

Spöhring, Walter (1995): Qualitative Sozialforschung, Stuttgart

Stähler, Patrick (2001): Geschäftsmodelle in der digitalen Ökonomie, Lohmar/Köln

Steinle, C. (2005): Ganzheitliches Management – mehrdimensionale Sichtweise integrierter Unternehmensführung, Wiesbaden.

Statistisches Bundesamt (2011): Pressemitteilung Nr.491 vom 19.11.2004, online: http://www.destatis.de/jetspeed/portal/cms/Sites/destatis/Internet/DE/Presse/pm/2004/11/PD04__491__133,templateId=renderPrint.psml (Stand 14. März 2011)

Stroeder, Dirk (2008): Fundamentale Risiken im deutschen Mittelstand und Modelle zu deren Bewältigung. Entwicklung modularer, mittelstandsadäquater Risikobewältigungsstrategien auf Basis einer branchenübergreifenden empirischen Studie unter 421 mittelständischen Unternehmen, Stuttgart

Strübing, Jörg (2008): Grounded Theory – Zur sozialtheoretischen und epistemologischen Fundierung des Verfahrens der empirisch begründeten Theoriebildung, 2. Aufl., Wiesbaden

Thommen, Jean-Paul/Achleitner, Ann-Kristin (2006): Allgemeine Betriebswirtschaftslehre, 5.Aufl., Wiesbaden

Ulrich, Patrick (2011): Corporate Governance in mittelständischen Familienunternehmen – Theorien, Feldstudien, Umsetzung, Wiesbaden

Umbeck, Tobias (2009): Musterbrüche in Geschäftsmodellen – ein Bezugsrahmen für innovative Strategie-Konzepte, Wiesbaden

Wallau, Frank (2005): Mittelstand in Deutschland: Vielzitiert, aber wenig bekannt, in: Meyer, F. et al. (Hrsg., 2005), Mittelstand in Lehre und Praxis – Beiträge zur mittelständischen Unternehmensführung und zur Betriebswirtschaftslehre mittelständischer Unternehmen, Aachen, S. 1-15

Wallentowitz, Henning/Freialdenhoven, Arndt/Olschewski, Ingo (2010): Strategien zur Elektrifizierung des Antriebstranges: Technologien, Märkte und Implikationen, Wiesbaden

Wältermann, Philip (2008): Unternehmenserfolg in der Versicherungswirtschaft. Langfristige Erfolgsfaktoren in der Assekuranz, Berlin

Weissmann, Arnold (2006): Die großen Strategien für den Mittelstand – Die erfolgreichsten Unternehmer verraten ihre Rezepte, Frankfurt a. M.

Wessel, Karin (1996): Empirisches Arbeiten in der Wirtschafts- und Sozialgeographie: Eine Einführung, Paderborn

Wiese, Jörg (2005): Basiskonzept zur Entwicklung von überlegenen Geschäftsmodellen für Klein- und Mittelunternehmen und dessen Bedeutung für die Definition einer Betriebswirtschaftslehre von Klein- und Mittelunternehmen, in: Meyer, Friedrich et al. (Hrsg., 2005), Mittelstand in Lehre und Praxis – Beiträge zur Betriebswirtschaftslehre mittelständischer Unternehmen, Aachen, S. 16-50

Wirtz, Patrick (2010): Business Model Management – Design – Instrumente – Erfolgsfaktoren von Geschäftsmodellen, Wiesbaden

Wohland, Philipp (2008): E-Commerce-Geschäftsmodelle im deutschen Tourismusmarkt, Wiesbaden

Wolter, Hans-Jürgen/Hauser, Hans-Eduard (2001): Die Bedeutung des Eigentümerunternehmens in Deutschland – Eine Auseinandersetzung mit der qualitativen und quantitativen Definition des Mittelstands, in: Institut für Mittelstandsforschung Bonn (Hrsg. 2001), Jahrbuch zur Mittelstandsforschung 1/2001, Wiesbaden, S. 25-78.

Wrede, Nikolaus (2009): Erklärungsgrößen künftiger operativer Cash-Flows – empirische Evidenz zu deutschen KMU unter Berücksichtigung der Earnings-Qualität, Wiesbaden

Wunderer, Rolf (2009): Führung und Zusammenarbeit, 8.Aufl., Köln/Luchterhand

Yin, Robert K. (2003): Case study research: Design and methods, 3. Aufl., Thousand Oaks/New York/New Delhi

*Zink, Klaus J. (1998):*Bewertung ganzheitlicher Unternehmensführung am Beispiel des Ludwig-Erhard-Preises für Spitzenleistungen im Wettbewerb, München

Zloch, Sabine (2007): Wertorientiertes Management in der pharmazeutischen Produktentwicklung, Wiesbaden

Zollenkop, Michael (2006): Geschäftsmodellinnovationen – Initiierung eines systematischen Innovationsmanagements für Geschäftsmodelle auf Basis lebenszyklusorientierter Frühaufklärung, Wiesbaden

Verzeichnis der Interviewpartner

Ammermann, Jens Christian (Nürnberger CommunicationCenter (NCC) GmbH)

Bauer, Thomas (Mederer Gruppe)

Bohner, Stefan (Loewe AG)

Cartus, Christian (Arbeiter-Samariter-Bund Regionalverband Forchheim e. V.)

Christl, Raimund (GM Tec Industries Holding GmbH)

Dechant, Peter (Dechant Hoch- und Ingenieurbau GmbH & Co. KG)

Dettmann, Michaela (Anton Steininger GmbH)

Dippold, Thomas (Semikron Gruppe)

Döring, Volkmar (Alukon GmbH & Co. KG)

Döring, Walter (Zentis GmbH & Co. KG)

Eisler, Friedrich K. (Weiler Werkzeugmaschinen GmbH)

Finsterwalder, Klaus (Finsterwalder Transport & Logistik GmbH)

Gack, Josef (Innotech Sondermaschinen und Vorrichtungen GmbH)

Ganzasch, Franz (hachmeister + partner GmbH & Co. KG)

Günther, Ralf (Caritas Einrichtungen GmbH)

Häberle, Dr. Matthias (ALD Vacuum Technologies GmbH)

Hammon, Manfred (W. Markgraf GmbH & Co. KG Bauunternehmung)

Holl, Werner (ES-Plastic Gmbh&Co.KG)

Köppl, Franz (Köppl's Öko-Markt GmbH)

Langlouis, Martin (Langlouis Vertriebs GmbH)

Luczkowski, Armin (Viessmann Kältetechnik AG)

Medele, Hans (Autohaus Medele & Geyer GmbH)

Oehler, Marc T. (Bilstein Gruppe)

Ohl, Dr. Hanns-Peter (Erich Netzsch Holding GmbH & Co. KG)

Pflaum, Christian (Rupp + Hubrach Optik GmbH)

Rehkopf, Friedrich (ADAC-Luftrettung gGmbH)

Reichert, German (Hansa-Heemann AG)

Rohmann, Ralf (Maschinenfabrik Gustav Eirich GmbH & Co. KG)

Rohr, Andreas (beweka Kraftfutterwerk GmbH)

Sauer, Ralf (NAF Neunkirchener Achsenfabrik AG)

Schäferjohann, Detlev (e-domizil GmbH & Co. KG)

Scheibling, Katja (teamtechnik Maschinen und Anlagen GmbH)

Schiemann, Dirk (Brauerei C.& A. Veltins GmbH & Co. KG)

Schreiner, Thomas (Zollner AG)

Schröppel, Rolf (Piasten GmbH & Co. KG)

Sczepan, Johannes (Plansecur Management GmbH & Co.)

Stahl, Timo (SUSPA GmbH)

Thon, Michael (Ferdinand Tausendpfund GmbH & Co. KG)

Vierling, Manfred / Vierling, Martin (Vierling GmbH)

Witthus, Gerd-Friedrich (Sykatec GmbH & Co. KG)

Informationen zu den Autoren

Universitätsprofessor Dr. Dr. habil. Wolfgang Becker
ist Ordinarius für Betriebswirtschaftslehre und Inhaber des Lehrstuhls für Betriebswirtschaftslehre, insbesondere Unternehmensführung und Controlling sowie Wissenschaftlicher Direktor des Deloitte Mittelstandsinstituts an der Universität Bamberg. Professor Becker hat unterschiedliche Leitungsfunktionen der Universität (Dekanat, Erweiterte Universitätsleitung, Senat, Universitätsrat) ausgeübt. Derzeit ist er Mitglied des Chief Information Office der Universität Bamberg und leitet den Promotionsausschuss der Sozial- und Wirtschaftswissenschaftlichen Fakultät. Professor Becker wirkt zudem in den international ausgerichteten Executive MBA-Studiengängen der Johannes Gutenberg-Universität Mainz sowie der Friedrich-Alexander-Universität Erlangen-Nürnberg und in einem nationalen virtuellen Wirtschaftsinformatik-Studiengang der Universitäten Bamberg und Duisburg-Essen mit. Professor Becker ist zudem Mitglied im Kuratorium, Vorsitzender des Wirtschaftsbeirats und Wissenschaftlicher Leiter im CAMPUS OF EXCELLENCE, einer unter der Schirmherrschaft des Bundesbildungsministeriums stehenden Bildungsinitiative. Darüber hinaus hat er die Deutschlandrepräsentanz der schweizerischen Stiftungsinitiative „Lebenskonzept Unternehmertum“ inne und ist Mitglied der Prüfungskommission der Wirtschaftsprüferkammer in Berlin. Des Weiteren ist er Gründungsgesellschafter und Beiratsvorsitzender der Scio GmbH, Erlangen. In diesem Kontext konnte er Erfahrungen als Gutachter, Berater, Trainer und Coach in unterschiedlichen Branchen des Sach- und Dienstleistungssektors gewinnen. Dazu zählen die Automobilwirtschaft, die Automobilzulieferwirtschaft, die Instandhaltungsindustrie, die Telekommunikationsbranche, die Anlagenbauindustrie, die Gas- und Wasserwirtschaft, die Verkehrs- und Logistikbranche, die medizintechnische Industrie, die Bau- und Wohnungswirtschaft, die optische Industrie, die Bank- und Versicherungswirtschaft. Professor Becker ist Herausgeber mehrerer wissenschaftlicher Buchreihen. Neben über 70 wissenschaftlichen Aufsätzen und Beiträgen hat er zahlreiche Monographien, Lehrbücher und Lehrmaterialien verfasst.

Dr. Patrick Ulrich
ist Akademischer Rat und Habilitand am Lehrstuhl für Betriebswirtschaftslehre, insbesondere Unternehmensführung und Controlling sowie Projektleiter am Deloitte Mittelstandsinstitut an der Universität Bamberg. Zudem ist er Lehrbeauftragter für Absatz/Marketing, Buchführung, Bilanzierung, Einführung in die BWL, Controlling, Kostenrechnung und Personalmanagement an der Verwaltungs- und Wirtschaftsakademie (VWA) Nürnberg. Als Coach, Referent und Berater lernte er seit 2006 Problembereiche der Unternehmenspraxis kennen.